寻求灵魂的现代人

Modern Man In Search Of A Soul

[瑞士]卡尔·荣格 著
沈永阳 译

天津出版传媒集团
天津人民出版社

一个被我们称作地道的现代人的人，是孤独的。

我们所说的现代人，是一个可以感知到现代状况的人，并非人人都是。他是一个屹立在高地之上，或是位于世界最边界的人，在他的眼前，是茫然无知的未来的深渊；在他的头顶上，是苍天；在他的脚下，是历史已经覆盖着一层原始迷雾的全部人类。

——荣　格

目　录 | Contents

第一章

梦的分析在实际中的应用

寻求灵魂的现代人

Modern Man In Search Of A Soul

应用梦的分析来进行心理治疗，至今仍饱受争议，很多医生指出，在治疗神经症中，梦的分析非常重要，所以，他们把梦中的心灵活动和意识本身放在同等重要的位置。但也有另外一些人，认为分析梦并没有太大的价值，他们认为在心灵活动之中，梦只是无足轻重的副产品。

显而易见，如果说一个人认为在神经症的形成过程中，无意识具有很重要的作用，那么他一定会将梦看作是无意识的直接表现。反之，如果他觉得在神经症的形成过程中，无意识并没有起到一定的作用，那么他自然就觉得分析梦的价值没有什么意义。但非常遗憾的是，一直到 1932 年，距离卡鲁斯创立无意识观已经过去了五十多年，距离康德发表“模糊观念的不可测量”言论，已经过去了一百多年，距离莱布尼茨假定有所谓无意识的心灵活动也已经过去了二百年，更遑论雅内[1]、弗卢努瓦以及弗洛伊德这些大师的成就了，甚至一直到今天，大家居然还在为无意识的真实性争论不休。由于当前我们的主要目的，是探讨实际临床的一些治疗问题，所以这里就不再为无意识的假说做任何辩护，尽管梦的分析和这个假说显然有着非常密切的联系。没有了无意识的概念，梦就成了一种自然的恶作剧，一大堆来自白天的没有任何意义的记忆残留物。如果真的是这样的话，那么这本书也就没有继续进行探讨研究的必要了。我们如果想要讨论梦的分析，首先必须要承认无意识具有一定的重要性，我们不能够将它仅仅看作一种理性的活动，而应该把它看作治疗过程中的一种非常重要的方法，并且至今仍是属于无意识、和神经症相互间都有着因果关系。只要是没有办法接受这种假说的人，自然也就否定了分析梦的实际价值。

但是，既然说根据我们的假设可以看出，解决神经症的问题和无意识有着密切的因果关系，而且无意识心灵活动的直接表现就是梦，那么站在科学的角度来看，进行梦的分析解释工作，就显得非常有必要了。除了对治疗结果有好处之外，我们还可以期望梦的分析和研究，能够给予心灵方面的因果道理更加科学的看法。不过相对于一个医生来说，科学上再多再重大的发现，于他们而言，也只是治疗过程中产生的一种副产品。哪怕他们非常清楚梦的分析法有益于探讨心灵因果关系的问题，但是他们也不能立刻将其应用到病人的治疗上。当然他有可能会觉得，在这种情况下所产生的新发现，具有一定的治疗价值，但是在这种情况下，他更会倾向于将分析梦看作是自己的职责所在。就像大家都很熟悉的弗洛伊德学派，他们便认为，要想寻找到重要的

①皮埃里·雅内（Pierre Janet, 1859-1947），法国精神病学家，歇斯底里、分裂、环境和联想治疗法是他主要研究的课题，他认可心灵有能量说。—译者

治疗功效，就要努力找寻出无意识的影响因素究竟有哪些，然后再把它们给病人解释清楚，从而让病人知道自己的问题出在哪里，最终才能达到一种比较好的治疗效果。

如果我们目前先假定这种假说是能够用事实来加以证明的，那么我们就可以来讨论，通过梦的分析，是不是能够找到神经症的无意识原因，这种方法是不是没有必要借助于别的方法，还是说这种方法必须要和别的方法相结合，才能看到效果。我可以非常大胆地指出，弗洛伊德在这方面的回答是非常准确的。当我发现，能从梦中极其精准地找寻到造成神经症形成的无意识的内容时，我对这个看法更加深信无疑了。大致上看来，“初期”的梦，也就是病人在治疗早期时，所叙述的一些梦，能够达到这个效果的比较多。通过例子来解释的话，应该会更加直观明了。

以前有一个人来找我，他在社会上很有地位，他说自己有焦躁（anxiety）以及不安（insecurity）的感觉。他向我倒苦水，说经常会觉得呼吸困难、头重脚轻，并且头晕后，还会有作呕的感觉，其实这些病症都是“高山病”的表现。因为始终胸怀壮志，再加上他刻苦努力，才华惊人，所以成功地从一个穷苦孩子，成长为一个小有成就的企业家。他一点点往上攀爬，最终又抓住了一个能够让他社会地位得到提升的机会。就在他到达了一个很高的社会地位时，忽然就患上了神经症。故事讲到这里，一句我们所熟悉的，且充满戏剧性的话，就自然而然地脱口而出了，“正在这个时候，当我……”他患上高山病和自己所处的特殊位置有着密不可分的关系。之后，他叙述了前一个晚上做的两个梦，想借此请教于我。

首先来听第一个梦："我又一次来到了自己出生的村子，在街上，我看到了以前和我一起上学的孩子，他们都是农夫家的孩子，在我从他们身边经过的时候，我假装根本不认识他们。结果我听见有个孩子说：'他很少回我们村子里。'"由此我们可以轻松看出，这个人事业的开端非常卑微。他的梦已经很清楚地表明：你压根就忘了自己当初的地位是多么低微。

下面继续来听第二个梦："我要去旅游，因此就显得有些匆忙。在我准备行李的时候，却怎么也找不到它们。时间一点一点地流逝着，火车很快就要开走了。最终我把所有的东西都收拾好了，我快步朝街上跑去，但是半路上忽然发现有个非常重要的公事包忘带了，于是我又飞快地往家跑。找到包之后，我又转头往车站跑，但是双脚却使不上力气。最终我拼尽全力，赶到了月台，这时，火车正好行驶出了车站。那段距离非常长，是一条呈S型的曲线。我当时忍不住想，如果司机在刚刚行驶到直线轨道上时，一不小心加大了马力，而后面的车厢仍在曲线轨道上，火车忽然加速，势必会把后面的车厢甩到轨道之外。我正要大声呼喊的时候，司机加大了油门，后面的车厢剧烈晃动，最终都被甩到了轨道外。我惊醒了过来。"

通过他的叙述，我们可以轻易地看出这个梦的内涵。它显示了这个病人急切地想要往上攀爬的欲望。火车司机行驶的时候无所顾忌，但是后面的车厢剧烈晃动，最后还被甩了出去，这就是病人出现神经症的原因。显然，病人在这一阶段，事业已经处于一种比较高的位置了，由于他出身较低，所以长时间向上奋斗已经耗费了他太多的精力。原本他应该满足于现状，但他没有，仍旧是野心勃勃，渴望着不适合自己的成功地位。神经症的出现正是对他的一种警告。

由于我身处的环境，不能为其治疗，对于他所处境况，我表达了自己的看法，但并没有让他感到满意。到最后，事情就按照他梦到的一切发展了。在事业上，为了实现自己的野心，他不断冒险尝试，而种种做法却严重偏离了正常的轨道，所以在实际生活中，“火车出轨”也就切实发生了。通过病人的叙述，我们能够推理出，高山病的出现，正是警告他不能再继续往上爬了。这个推想已经通过他的梦证实了，他已经没有能力再继续追寻更高的位置了。

所以说通过梦的特性我们可以看出，在治疗神经症方面，梦的分析能够起到非常重要的作用。梦能够把一个人主观的情况真实地诉说出来，但是在意识上，他往往会不承认它的存在，即使是承认了，也显得特别勉强。病人意识的自我是看不出他为什么不能够按部就班地往前走的，他已经走到了极限，这是一个显而易见的事实，但是病人对此拒绝承认，并且仍旧努力前进着。一般遇到这种状况，我们大多数时候都会犹豫，或者是完全凭着自我意识来做抉择。

当然，通过病人的诉说，我们也可以做出相反的一些推断。例如，一个普通的士兵的包裹里，有可能装着一副元帅的官杖；而一个农民的儿子，也有可能事业辉煌，但是为什么这里说到的病人，却没有办法做到呢？既然说我的推断不可能完全准确，但是有什么证据，能够证明我的推断和他的相比起来，更加具有可靠性呢？这个时候，恰好他的梦表现出了一种心理现象，也就是不受意识摆布。他自身主观的感觉和梦里面所发生的结果完全一致。梦里面的结果不会照顾到病人的看法，也不可能顾及我的推断，它只是将事实原本的真相如实地表述出来。所以我有了从心理学领域来研究梦的打算。举个例子，糖如果撒入尿里面，尿里面自然就有了糖分，我们肯定不会把它看作是尿胆素、蛋白质或者其他物质。也就是说，在诊断的过程中，我认为梦的价值是无法估量的。

通过我上面提到的例子可以看出，梦提供给我们的东西，远远超出了我们请求得到的东西。我们可以通过这些例子，不断了解神经症形成的原因，从而找到更好的药方。除此之外，梦的分析能够给我们的治疗，指引道路。病人的梦很好地告诉了他，现在他要做的，就是立刻停止继续前进的步伐。

我们目前能够获取这么多线索，就已经心满意足了。现在让我们继续回到之前讨论的问题，也就是梦究竟能不能替我们找出神经症的病因。我前面已经列举了两个梦的例子来进行阐述。我也可以列举出很多容易懂的初期梦例，且它们对于神经症的解释并不能起到很大的作用。然而对于那些需要探究、分析以及解释的例子，我现在还不愿意去讨论。

对于一些比较复杂的神经症，我们一直分析到最后阶段，才能找到它们的真正原因；另外对于很多病人来说，即便是关于自身神经症的原因已经被找出来了，仍然没有办法彻底治愈。让我们再回过头来看看弗洛伊德的观点，他指出，为了达到更好的治疗效果，病人必须要非常清楚地知道自己心神不宁的因素，事实上，这只是创伤论老酒换新瓶而已。当然在“创伤论是很多神经症的原因”这一点上，我并未表示否定；我只是想要表达，并不是所有的神经症都可以归结为创伤论，它们的起因也并不都是小时候经历过的残酷的事情。很多时候，决定论的态度往往就是由这种讨论问题的方法导致的。医生一味地关注病人的过去，不停地问“为什么”，很少去考虑“为了什么”，这样就相当于把一个同样很重要的问题给忽略掉了。病人就需要被动地挖掘那些发生在童年时代，并且已经被时光掩埋了很久的事情，而发生在自己身上的新近事情则很容易就给忽视掉了，病人也会因此受到一定的伤害。

决定论本身具有很大的狭隘性，所以对于梦或者是神经症的真正含义也就无法做出适当说明。假如说有人认为，梦唯一的作用就是找出神经症的原因，那这种想法未免太武断，很容易把梦更多的贡献给忽略掉了。以上我们列举的很多梦的例子，自然能解释造成神经症的很多原因，而且这些梦的例子也能够给我们提供很多东西，比如说药方、对于未来的一些预期及治疗的方法，等等。但是我们需要牢记的是，很多梦只是涉及了其他的事情，比如说病人对医生的一种态度，它们完全没有提到神经症形成的原因。下面，我再来列举一个病人的例子，以此更好地阐明这一点，这个病人带来了三个梦例。前前后后，她总共咨询过三个精神分析师，每一次治疗的初期，她都做了一个梦。

第一个梦：“我要去另外一个国家，但是必须要穿过国界线，但我找不到它究竟在哪里，也没有任何人能够告诉我。”她做过这个梦之后，治疗并没有看到什么成果，她只好选择放弃。

第二个梦：“我必须要穿过国界线，那是一个漆黑的夜晚，我找不到海关大楼。很久很久之后，我看见很远的地方有盏灯，我猜想国界线应该会在那里。但想要到达那里，就必须穿越一个山谷以及一个暗沉沉的森林，我在那里迷路了。忽然之间，我发现身边好像有个人，和我一起赶路。这个人像个疯子，忽然间紧紧抓住我的手，我惊醒了。”在这个梦之后，过了几个星期，治疗中断，原因在于，治疗师对病人的无意识地认同，让她觉得很迷惑。

最后一个梦，是病人来找我时对我说的，“我必须要穿过国界线，或者也可以说，我已经顺利通过了它，我到了瑞士的海关。我没有什么东西值得他们检查，因为我只有一个手提包。但是奇怪的是，海关工作人员从我的行李袋里面，翻出了两个大的垫子。”病人找我治疗的期间结了婚，然而她走到这一步很艰难，遭遇了无数的阻力。几个月后，造成她神经病症的原因被找了出来，但是我们无法从这三个梦里面得到任何的线索。很显然，这些梦仅仅表明了病人在寻找治疗师的时候，不会一帆风顺。

相似效果的事例，我还能说出很多很多，但是我觉得上面的那些例子，已经足以表明梦具有一定的预期性。在这种情形下，如果在处理它们的时候，我们仍然用决定论，这其中包含的特殊意义就无法掌控。这三个梦的例子，清楚明了地表明了分析的情形，准确地认识到这点对于治疗目的来说，具有非常重要的意义。第一个医生之所以把病人介绍给第二个医生，就是因为他已经了解到了这个情形。这个时候，病人根据自己的梦给自己下了结论，所以她才决意离开。我对她第三个梦所作出的解释，她并不满意，但是她仍旧鼓足勇气，战胜了困境，最终成功地穿过了国界线。

初期的梦大多都是非常清楚明了的，也更容易让人明白。但是将分析梦作为一项研究工作来进行时，一切就开始变得复杂起来。如果这个时候仍然觉得梦清楚易懂，那么我们就可以非常笃定地说，对于梦的分析研究仍旧是没有触碰到人格的一些要害之处。

一般情况下，梦在治疗开始后，慢慢就会变得不清楚，紧接着是模糊不清，最后会变得晦涩难解。但偶尔我们也会觉得，医生已经没有办法掌控整个状况了。这种说法有一定的道理，人们常爱说梦都是不了解的，事实上，这仅仅是医生的一种主观看法。世界上不存在不可理解的东西，关键是我们没有办法去理解它们，所以就妄自断定它们混乱不堪、不可理解。从梦的本身来看，它是清晰的，换句话来说，梦其实就是在某些特定的状况下，所产生的一种必然产物。如果我们在治疗后期，或者说是几年之后，再回过头来看看那些最初认为“不可思议”的梦，就会无比惊讶于当初自己的无知。

当然实际情况是，在治疗的整个过程中，后期的梦和初期的相比，往往都会变得更加晦涩难解。但站在医生的角度，他们不能妄下结论，更不能将梦看作是乱七八糟的东西，或者说立刻去责怪病人，说其故意阻抗。医生要做的，就是能够认识到，这种情况其实是自己越来越没有办法去了解现实的情况。精神治疗师经常会面临迷惑的处境，这是他们在面对病人的一些反常行为时所产生的难以理解和不知所措，但是他们却把这种迷惑不解“投射”出去，说成是病人迷惑了。病人有时候很难承受被别人轻易看穿一切，所以心理分析师为了更好的治疗目的，也应该适当的承认自己缺乏对病人的了解。医生敏锐的洞察力以及这个职业本身的光环，若是导致了病人过度依赖，他就会亲手替自己挖下陷阱。病人如果过分地相信医生的自信心和“深奥”了解力，往往会失去真实感，甚至会跌入顽固的移情作用（transference）里面，如此，康复的道路会更加漫长。

显然，了解是一个主观的程序。它有可能仅仅是单方面的了解，就像医生了解了，病人却依然不自知。在这种状况下，说服病人，就被医生当成了自己职责的一部分，如果说病人完全不听，医生就会认为他是在故意阻抗。每次在我单方面了解的时候，我总是强调自己了解得还不够透彻。其实医生能不能了解并不是很重要，病人才是关键。双方经过共同研究达成深层共识才是真正重要的。所以说，关于医生了解病人的工作，如果他仅仅根据某种原理，便草率地为一个梦做出判断，虽说这一判断在理论上是成立的，但病人并不会认可，那么最后的结果也必然是极度危险和不公的。只要有上面说到的判断出现，事实上就一定是错误的；其次，假如了解的结果，能够预测到病人未来的行动，然而这种行动又不利于病人正常发展的话，这种了解也肯定是错误的。我们在找寻真相的时候，必须要依靠病人的大脑；我们要想真正地触碰到病人心灵的深处，必须要在他的进程中，为他提供一定的帮助，这样才能更好地影响和感化病人。

假如医生在向病人解释的时候，只凭借自己单方面的理论，或者是先入为主的意见，那么他只能完全依靠“暗示”去说服病人或是得到任何治疗效果的机会。所以，请大家务必注意，不要上了这种暗示的当。暗示虽然没有值得过分责难的地方，但却具有很大的缺点，它会在不经意间抹杀掉病人的独立人格。那些做着实际工作的分析师，应该对扩大意识领域的意义和价值深信不疑，让以往人格中那些无意识的部分暴露出来，让意识部分对它们进行识别和评判。做这类的工作，病人要做到勇于正视问题，将判断力和意志力充分地发挥出来，这种难度已经可以同挑战伦理道德相提并论了，这种号召需要用心、尽力地去响应。所以说，心理分析在促进个人发展方面，比暗示治疗法要更加有秩序。暗示就像是黑夜中进行的魔术表演，并不需要在人格上做出任何的努力。暗示治疗法其实就是自己骗自己的东西，根本无法与分析治疗法相提并论，所以我们不应该采用这种方法。对于暗示所产生的很多后果，医生只有保持十分警觉的态度，才能够将暗示法彻底抛弃，因为我们有的时候，还会出现无意识的暗示情况。

分析师如果想要抛弃有意的暗示法，就要将那些没有办法获得病人肯定的梦的分析法都视作无效，然后继续深入研究下去，直到找到可行的方法。对于这个原则，我们应当努力坚守住，尤其是处理那些病人和医生二者都因缺少了解而显得难懂的梦时，更应当秉承这个原则。每一个新的梦例，医生都应当把它看作是研究的新途径，站在病人和他自己的角度，把它当作是了解未知情境的信息来源。他当然不应当根据某一个特殊的理论，而怀有一种先入之见，他应该随时准备在每一个案例中创造出一套新的理论，这些理论同以往的相比起来，虽说仍旧是关于梦，但却是全然不同的。所以说目前这个领域蕴藏着的开拓空间，仍旧是无穷无尽的。

将梦视为因愿望受到压抑而产生出幻象的这种提法，很早之前就已经被人们摒弃了。有一些梦确实是属于受压抑的愿望或是恐惧的表现，但是对于那些即便是用梦也无法表现出来的部分，我们该怎样去认识和了解呢？梦可能会表现出很多东西，比如说，永恒不变的真理、饱含哲理的论断、幻想、视野的幻象、记忆、规划、愿望、没有理性的经验、心电感应产生的幻觉以及其他一些说不清的东西。但是我们应该知道：人生的大部分时间，都是在不知不觉中就流逝掉的。无意识的特殊表现就是梦。如果把人类心灵的白天称为意识，那么夜晚则是那些似梦的幻象的无意识心灵活动。我们能够肯定的是，意识包括了很多东西，不仅仅只有愿望和恐惧。除此之外，无意识的心灵部分包含着非常多的信息，这些信息和意识拥有相同的数量，甚至是比意识还要再多一些，原因在于，意识还要去做浓缩、精炼以及排除的工作。

既然事实就是这样，我们不能随随便便就去曲解一个梦的意义，目的就是为了适应某一些含有偏见的治疗意见。我们都应该知道，医生在技术上或者是理论上的套语，有时候会被病人拿去模仿，甚至是在梦中他们也会这样做。任何一种语言都有可能被他人用错。我们没有办法列举清楚究竟受了多少观念的错误引导；医生有时候也会因为无意识，而陷入理论的漩涡，难以摆脱。当然我们仍然需要拿理论来解释问题，所以说不可能将其完全抛弃。比如说，我之所以会去期待每个梦都有其自身的意义，正是因为将理论作为基础。 梦里面有非常多病人和医生不熟悉的事物，所以我不可能证明每一个梦都有意义。但是，我首先要站在理论的基础之上，坚信每个梦都是有意义的，然后才能够信心百倍地去处理它们。

我们前文讨论过，在了解人们的意识方面，梦具有很大的贡献，但凡是没有做出贡献的梦，都是因为它们并没有被人们进行正确的解释，这些其实也都是理论上面的说法。我采用这个假说的原因，就是为了向大家说明，我为什么要进行梦的分析。从另一个方面来看， 每一个和梦有关的特性、功能以及结构的假说，我们都应当将它看作是一种经验方面的总结，修改的必要性是随时都会有的。在进行分析梦的工作时，时刻都应该记住一个原则，那就是我们正处于一条不安全的道路上，前途未卜。正好这里有一句话，可以看作是对于梦的分析师的一点警告，但愿这句话不会听起来相互矛盾，“为了去了解梦，只要做到不去处心积虑，其他的你想怎么做就怎么做吧！”

如果遇到一个晦涩难懂的梦，去了解或是解说它，在一开始是没有必要的，我们应该小心仔细地找到它的前因和后果。关于梦的每个意象的“自由联想”，并不是有无数个充斥在我的大脑里，我能够对那些和这个意象有着直接关系的特殊联想，观察得有意而又审慎。很多病人过于冲动，强烈要求医生对他们的梦进行了解和解释，并且在这个过程中过分干预，所以我上面说到的那些知识，病人首先应该具备。尤其是一些病人得到的一些观念，多数来源于书本上或者是一些旧的错误分析法，也就是说，他们被这些观念误导了。根据某种理论，病人说出自己的联想；换句话来说，病人自身试图去了解以及解释梦，最终反倒是深陷于泥潭之中，无法脱身。病人同医生一样，也期望立刻将梦分析得清楚透彻，原因在于病人有一种不正确的想法，他们觉得，揭开梦的假面具后，一定就能找到深藏着的真正含义。或许将梦看作是假面具是可行的，但是我们不能忘记，大部分房子的门面都是按照自身的建筑蓝图来构造的，并非就是一个假面具，所以门面常常也能暴露出它们内部的一些设施。梦的本身是“显现的”梦的图像（也就是“显梦”），潜在的意义（也就是“隐梦”）常常包含在其中。

弗洛伊德谈到“梦的表象”（dream-facade）时，他真正想要表达的并非梦本身，它指的是梦所具有的晦涩难懂的部分，于是，他自己的缺乏了解在这种对梦的投射中反映了出来。那些说梦有假面具的人，其实是没有深入地去看待梦。举例来说，假如一段晦涩难懂的文字摆在我们面前，它本身并没有想去掩盖什么东西，真正的原因是我们没办法看懂。所以我们应该努力去看懂它，而不是一上来就牵强附会地对它进行解释。

正如同上面所说的那样，了解梦的前因后果，是研究它最好的方法。如果我们只是凭借着自由联想，将会一无所获，就如同人们在对赫梯人碑文[①]进行解释的时候，利用了自由联想的方法，并没有得到太大的帮助。想要了解自身的症结，我可以通过自由联想，甚至可以通过报纸上的一句话，或是一个“请勿入内”的标语，大可不必通过研究梦来达到这个目的。如果说胡乱地去联想一个梦，那么症结可能短时间内就可以变得正常，但是梦本身的意义就寻找不到了。想要找寻到梦本身的意义，那些梦的意象，我们都应该近距离仔细研究。比如说，假如一个人梦见了材质为松木的桌子，他如果把材质不是松木的桌子都联想在一起的情况下，结果肯定不是好的。很显然，这个梦里面重点指示的是松木桌子。如果这个时候，做梦的人身上并没有发生什么事情，那么他的犹疑不决就表明了一点，也就是这个梦里面出现的意象，存在着一些晦涩难懂的部分，这正是疑难点所在。我们期望他可以诉说出很多和松木桌有联系的事物，但如果他一个都想不出来，那就表明他隐含了其他的意思。在这种情境下，再次钻研这个意象就变得非常有必要了。我告诉病人，“松木桌究竟有什么隐含的意思，我

①赫梯人碑文（Hittie inscriptions），在十九世纪初于安哥拉东部被挖出，挖出者系胡戈·温克勒，他是德国柏林大学的亚细亚研究学者。通过研究表明，碑文上面的文字属于高加索语的一支。依据碑文的符号去猜测和阐释其含义，是目前仅有的了解它的方法。

毫无头绪，麻烦您把它再仔细地描绘一遍，让我能够理解得更加透彻。”通过这种方式，我们果然取得了成功，这个特殊意象包含的很多内涵，也都被我们找了出来。与这个梦相关的所有内涵被我们掌握之后，我们就可以继续朝解说这个方向迈进了。

每一种假说都是去研究陌生文字的尝试，所以说它们都是假设的。人们对于那些晦涩难懂的梦，很难确定地将其解说出来，所以说我个人并不是特别重视单个梦的解说成果。在我们分析梦的初期，通常会犯一些错误，但是后期的梦是可以加以矫正的，所以说一定要积累梦的经验，才能够对自己的解说更加有信心。除此之外，我们也可以在很多的梦例里面，轻而易举地找到一些比较重要的内涵和基本主题，所以对于病人做过的梦，我常常要求他们将其做一个记录表，这样他们可以把自己所有的梦都详细地记录下来，最终形成关于梦的材料档案。到了梦的分析的后期时间段里，我会让病人亲自解说，慢慢他们就能脱离医生的帮助，掌握住了解无意识的途径。

如果说梦除了可以告诉我们神经症的形成因素究竟是什么之外，没有其他任何用处的话，那么我们完全可以只让医生去处理。再者，如果说梦只能在医生的诊断中，为他们提供提示和见解，没有别的用处，那么我的研究也就没有必要再进行下去了。但是，通过上面的例子，我们已经得知，梦具有很多贡献，不单单是给医生提供一些帮助，所以说分析梦的工作，就值得我们格外重视了。实际上，有时候梦甚至会关系到一个人的性命。

在众多的例子里面，有一件事我现在都记忆犹新，它和我一个在苏黎世同事有关。他年长我一些，而且经常和我见面，我对于解释梦方面的兴趣也常常会被他嘲笑。有一天，我俩在街上遇到了，他非常大声地跟我说，“最近过得怎么样？还在继续从事解释梦的工作吗？我做了一个很可笑的梦，想借此请教您一下。难道说这种可笑的梦也会有它自身的意义吗？”于是，他开始叙述他的梦：“有一个高山坡不但陡峭，而且覆满了白雪，我正在攀爬它。天气很不错，我一直往上爬。我爬得越高，就越觉得兴奋。我心想‘如果能够一直往上爬是多么美好啊！’爬到最高点的时候,我开心得就像哪怕让我爬到太空中，也完全没有问题。我意识到，我想要爬到外太空是可以实现的。所以我就接着往空中爬过去，后来因为太过开心，我就醒了。”

听完他的梦后，我说道，“兄弟，我知道你无法舍弃爬山的爱好，但是请您下次不要一个人过去，就算是要去，也需要两个向导，您必须严格保证，会听从他们的一些指导。”

“您说话还是老样子！”说完这句话，他就跟我辞别了，而这次见面也成了我和他的最后一面。第一个坏消息在两个月之后传来了。一次，他一个人去爬山遇到山崩，被埋到了地下，危难之中，恰好有个巡逻兵路过，他因此得救。时间又过去了三个月，也就是最后的噩梦。他和一位年纪比他小的朋友去爬山，没有带向导。他在往下一个峭壁走的时候，不小心踩空了。他的朋友正在下面等他，他正好砸在了朋友的脑袋上，两个人都跌落深渊遇难了。这一幕，正巧被山下的一个登山者看见。而这场灾难正是他梦里面“狂喜之下”的预兆。

尽管会遭遇到强烈的怀疑目光以及批判的态度，但是我始终认为梦是不能够忽略的东西。虽然它们有时候表面上看起来并没有多么重要，但事实上，它却弥补了我们本身缺乏的透视心灵黑暗部分丰富内涵的洞察力，以及理解力。我们可以发现，人的一生，至少一大部分都是在这样的境况下度过的。意识同样来源于这个地方，人在醒着的状态下，也可以有无意识的情况发生，要想改进对梦的认识，医疗心理学就应当利用有系统的研究方法来进行。意识经验的重要性既然都没有人去怀疑，那为什么无意识的重要性就要受到质疑呢？无意识同样属于人类的生活，而且相比较白天所发生的事情，它有时候反而更能影响到一切的福祸旦夕。

梦能够告诉我们很多东西，比如说关于内在生活的一些秘密，关于梦者人格中不明显的部分。这些因素如果没有被发现，梦者的日常生活往往会受到干扰，而且体现出来的形式只有病征。这也表明，我们在治疗病人的时候，不能只从意识方面着手，无意识方面也需要着手，并且要对其加以改变。目前我们只知道一个办法：要将意识和无意识完完全全地同化在一起。这里指出的“同化”（assimi-ation），意思就是要将意识和无意识的内涵都融合在一起，进行彻底地相互解说，并不是像一般人所说的那种方法，仅凭意识单方面地对无意识进行评价、解释或者是歪曲真相。许多人对于无意识内涵的价值以及含义，都存在着误解。很多人都知道，无意识被弗洛伊德学派看作是卑微的东西，并将原始人看作与野兽无二。关于部落中可怕老人的童话故事就是原始人流传下来的，还有“阻止婴孩犯罪”的无意识，都使得无意识被人们视为是一种危险的存在，这也是顺理成章的。这似乎是在说，一切善良的、合逻辑的、美好的以及值得存在的东西，都是意识王国的子民。难道说我们的双眼还没有因为世界大战的可怖而擦亮吗？难道我们感受不到其实人的意识同无意识相比起来，反而更加可怕吗？

最近有人对我进行了责难，说假如真的接受了我的意见，那么无意识就将被同化，整个文化必然会因此受到毁坏，很多珍贵的东西就会丢失掉，原始文化的势力又将会重新复苏。这种观点毫无根据，和无意识是个怪物其实是相似的，都是错误的观念。人类对于自然和人生实相的惧怕是这种看法的起源。弗洛伊德发明升华这一观念，目的就是希望我们免受于想象中无意识的可怕帮凶的伤害。但是实际生活中存在着的东西，是不会像被施了魔法般忽然升华的，即便有些东西被升华了，真相也绝对不会像错误解说中形容的那样吓人。

无意识是一种很自然的东西，并不是非常吓人的怪物，它在道德律、美感和智慧判断这些方面都保持中立。危险只有在我们的意识对其采取错误态度时，才会发生。如若我们压抑的程度加剧，这种危险性也会随之增加。但是对于那种很显然是无意识部分的东西，病人开始加以同化时，无意识的危险性就会消逝。当同化的过程持续推进时，人格的分裂就会停住，焦虑现象也就消失了。无意识会掩埋住意识的现象，这正是指责我的人所惧怕的，当然，这种情况只有在无意识挣脱了控制，或是被误解以及其效果被贬低时才有可能出现。

一般人都认为无意识的内涵是没有疑问的，且无意识带有永远不变的正负号，其实这种观点犯了基本的错误。我看到这个问题后，认为这些人有些天真。心灵如同身体一般，为了保持平衡的状态，自身都有着调节系统。有些程序太过于偏离轨道，或者说行进得特别快，都会引发出一种补偿行为。一旦这种调节功能缺失了，新陈代谢就会紊乱，心理也会变得有些不正常。我们根据这个原则，能够将补偿原则看作是一种心灵活动的规则。只要有一端减少了，那么另外的一端就肯定会增加。意识和无意识二者的关系是互相辅助、缺一不可的。分析梦的原则正是这一个明确的事实。在我们对梦进行分析时，问“什么是它所补偿的意识态度”往往是很有好处的。

想象性的愿望常常会是补偿出现的形态，大多数的情况是，我们越是拼命想去压抑的那一部分，它实际出现的可能性就会大很多。我们都知道，口渴难耐是不能压抑的。梦中的所有东西都应该被看作是构成意识的一部分，它们是一种正当且的确发生在我们身上的东西；反之，我们对意识的认识都只是站在单方面的角度，这肯定会引发无意识要求补偿的行为。在这种情况下，我们试图正面判断自己的愿望就会落空，生活也将变得失去平衡。

假如有人狂妄地想用无意识来霸道地夺取意识的地位——这也是那些指责我的人最让人惊惧的猜想——那么意识自然就会躲藏起来，重新以无意识的姿态出现，甚至还会加以补偿。所以无意识完全地改变了自身，在地位上来了个180度的转弯。最后，无意识将会合乎情理地以一种新的姿态出现。但是大多数人都不愿意相信，这种反转其实是常有发生的，而且还是主要机制的组成部分。我们之所以说提供信息的来源是梦，梦也是一种自动调节的途径，且还能促进个人人格的塑造，原因就在这里。

无意识自身不具有危险性，自保的、怯懦的意识的抵制才是它危险的来源。所以说，我们要更加重视它。如此大家也将能够理解为什么每次在进行一个梦的解析前，我经常会问：它补偿的意识态度究竟是什么呢？显然，我因此在极力拉近梦和意识状态的关系。我甚至还认为，当我们对意识的状况还不够清楚时，千万不能够轻率地去解析梦。我们想要获悉无意识是否存在着增减的情况，就必须从这方面所提供的一些线索着手。梦是一种心理现象，而且和我们的日常生活并没有完全脱节。表面上看起来虽然有些脱节，那是因为我们不够了解，梦绝对不仅仅是在我们心中产生的一种幻觉。实际上，意识和梦之间的关系是很微妙的，具有很强的因果性。

下面我会举一个例子，阐述了解无意识内涵真正价值的重要性究竟体现在哪里。有一个年轻人跟我讲述了一个梦："我父亲离开家的时候，开着一辆新车。开车的时候，他显得特别不自然，他的笨拙让我很着急。他一会往东、一会往西，一会往前、一会又往后，中间还停过好多次。最后车子撞到了墙上，瞬间变得破烂不堪。我气得跳脚，朝他大吼大叫，让他自我检讨一下。但是他只是大笑不止，这个时候我才发现他喝醉了。"这个梦没有任何的事实依据。连梦者自己都不愿意去相信。因为他明白，即便是他的父亲喝醉了酒，也不会开车开成这样。梦者自身对车尤为熟悉，作为驾驶员，向来都非常谨慎小心，不过量饮酒，尤其是开车之前，会更加注意。遇到那些不会开车的人，或者哪怕是把车弄坏了一点点，他就会大动肝火。这个年轻人和父亲的关系特别好。对于父亲非凡的成就，他也特别佩服。在我们还未尝试做任何解说之前，可以说，这个梦告诉我们，这个年轻人的脑海里肯定有一幅关于父亲非常糟糕的画面。

那么现在该如何来下定义呢？难道说他们父子间亲密的关系仅仅

是表面上的假象？难道说这就是被称为反抗的过度补偿行动（over-compensation of resistence）？如果真的是这样，我们就可以替这个梦做一个注解，我们应当对这个年轻人说，“你和你父亲真实的关系其实就是这个样子的。”但是，由他们父子间的关系来看，我们没有办法找到任何可疑的地方，或者是任何具有神经质的地方，所以也不敢随便去用这样一句具有杀伤力的话去烦扰他的情绪。如果真的这样去做了，那么这种治疗法将是非常不明智的。

但是假如他们父子间的关系确实很好，为什么这个梦里面，要创造出这样一个完全没可能的事情来损害他父亲的形象呢？在梦者的无意识里面，肯定存在着产生这个梦的较为明显的趋势。是不是因为这个年轻人的嫉妒或自卑，让他有了反抗父亲的心理呢？

一般情况下，关于敏感的年轻人的问题，我们在处理时不能过于轻率，在没有证实我们得出的那个猜想之前，最好不要去问他为什么会做这样的梦；“他做这个梦的目的究竟是什么”，才是我们首先应该问自己的问题。得到的答案将会是，显然他的无意识是在做贬低他父亲价值的尝试。如果说把这个看作是一种补偿，那我们就必须承认，他们父子间的关系不仅仅是亲密，而是非常亲密。在日常生活中，他的父亲对他简直是无微不至，他仍然过着一种需要人补给的生活。他的父亲在他的生活中所占的比重太大，从而使得他的个人潜能没有办法发挥出来。这也是他无意识中对父亲说出责备的话的原因：他为了提高自己的价值，试图降低父亲的位置。或许我们会觉得，这是“一件有些不道德的事情”。每位见识匮乏，目光短浅的父亲，对于这点肯定会提高警惕。但是实际上，这种补偿的行为之所以产生，完全是针对需要啊！它的目的就是要使得父子之间存在差别，他唯一可自我觉醒的途径也正在于此。

上面说到的解说法，它在正确性上面是不容置疑的，因为那些结论鞭辟入里。它很轻易就获取了年轻人的同意，不但没有影响他对父亲的感情，也没有伤害到父亲对他的感情。只有当父子之间的关系在意识方面有一定的了解，这样的解释法才能够行得通。如果说对于意识的状况什么也不知道，那么就没有办法探求梦的真正的意义。

如果想要把梦的一切内涵都诠释出来，我们就绝对不能去破坏意识人格的真正价值。一旦受到了一定的损伤或者是摧毁，那么就没有什么东西能够同化了。当我们了解了无意识的重大意义后，也不能将主次的位置弄错了。因为一旦这样做了，一定会让我们想要改正的状态回到原状。所以说，我们一定要注意维护意识人格的完整性，要想让无意识补偿的效果发挥到最大化，前提必须是意识人格要愿意合作。同化的工作是一个“甲和乙”的问题，而不是一个“甲或乙”的问题。

要想从事解释梦的工作，首先要能够彻底地了解意识的真正状况，所以对于梦的象征工作进行处理的时候，梦者在哲学、宗教以及伦理方面的信条，我们都要将它们纳入考虑的范畴内。最明智的做法是，不将一些象征看作是有它们固定的符号或者是表征。我们应当将其看作是真正的象征物，换句话来说，也就是将其看作是某一些还没有被人类认识到的，或者说是一种全新的构成。除了这些之外，我们还应当把它们拿来和梦者处在意识状态下的关系一起讨论。我之所以特别强调这种处理梦的象征物的方法，是因为在实行上具有一定的好处，一些含义固定的已知象征物确实存在于一些理论上，如果这些相对固定的象征物根本就不存在，那么我们就没有办法去确定无意识的结构。当然，我们也就无法把握住什么东西或者说讨论什么内容了。

我说过，那些相对固定的象征物内涵其实是不固定的，对于这一说法，有些人也许会感到奇怪和不解。事实上，象征物之所以和其他的符号以及病征有所不同，原因就在于它没有一定的内涵。大家都知道，“性象征”的解释法被弗洛伊德学派非常牵强地加以利用了；其实这里的“性象征”就是我所说的符号，也就是性的代表物，是一些被定义的东西。实际上，弗氏的性观念具有非常明显的伸缩性，模糊不清，甚至说可以包括一切。虽然说内容本身很清楚，但是含义却没有定性，非常多样化，几乎可以一方面包含人体中各种腺体的生理活动，另一方面又能将精神所能够达到的极限也包含进去。我们应当把这些象征物看作是未知物，它们都是很难认出并且没有办法完全定论的东西，而不是采取武断的立场，根据一些大家都熟知的套路，去发表一些高谈阔论。

比如说，阳具作为象征物，除了代表阳具，其余就没有了。站在心理学观点的角度来看，阳具本身正如克拉内菲尔德所提出的那样，它就是一个自身内容无法很轻易决定的象征意象。和前人一样，今天的原始人也经常随意地使用阳具的象征，但他们却从来没有把祭奠性的象征物和现实里的阳具混为一谈！阳具被他们看作是超自然的一种创造物，同时也是治疗疾病以及生产的力量来源，就像雷曼所说，“拥有无比的威力的东西”。就是在神话中的公牛、驴、石榴、公羊、闪电、马蹄、舞、田畦中奇形怪状的共生物以及月经液等，这些意象含有的所有东西以及性本身，其实就是一种非常难理解的原型内涵，最恰当的心理学解释全都可以从原始人所谓的超自然力的象征（mana symbol）中获取到。我们通过以上列举的一些意象，能够发现一个非常固定的象征，也就是超自然力的象征。但是我们不能因此就非常肯定地认为，这些东西只要在梦中出现，就没有别的含义的存在！

为了努力找到更加实用的方法，我们必须要寻觅另外的解说法。当然，如果我们偏偏要遵循科学的原则，把梦解说到不能再继续解说的地步，我们就必须把每个像这样的象征都看作是原型来进行研究。但是事实上，因为病人的心理状况或许根本就不会对关于梦的理论有所留意，但会对其他东西产生注意力，如此，这个解说法就很有可能出现比较严重的错误。所以说为了让治疗更加方便省事，我们最好先找出象征物的意义和处于意识状态下的关系，换句话说，就是把这些象征物看作是不固定的东西。这样就意味着，那些先入之见无论有多么好，我们都必须要将其剔除掉，然后努力替病人找出所有事情的含义。显而易见，通过这种解说法，我们得出的梦的理论，并不会让人觉得满意；事实也确实如此。但如果过多的固定象征物被医生运用，那么他极有可能是基于一些平庸或是武断的观点，到最后病人的需求他根本就无法满足。为了阐明这一点，我有必要展开比较细致的讨论，但是在别的地方，我已经发表过对于这种看法能够提供大力支持的文章了。

前面我已经提到过，一般情况下，医生在治疗初期，往往会不自觉地朝无意识习惯走的方向对梦进行研究。但是实际上，病人在初期阶段，有关梦的更深层次的含义，他不可能马上了解到。而按照治疗法的要求，我们确实需要朝这个方向走。一个医生能够在他固定象征物方面积累经验，就能得到比较独到的见解。这些见解在医生平时的诊断和预测方面，都将大有裨益。曾经有一次，我被要求替一个十七岁的少女鉴定病情。有一个专家跟我说，这个女孩可能是进行性肌肉萎缩症初期的病人，另一个专家对我说，这个女孩是歇斯底里症病人。因为这两种看法各不相同，我便接受了邀请。在看了她的临床诊断报告后，我猜想她有可能是器质性的病变，但是歇斯底里的症状在她身上也有体现。我问她是否做过梦。她立刻就回答说："当然做过！我做过很多吓人的梦。就在近期，我梦见一天晚上，我走在回去的路上，周围特别安静。到家之后，我看到卧室的门半开着，母亲已吊死在一个吊灯的下面，外面北风寒冷，从窗口吹了进来，母亲在风中摇摆着。还有一次，我梦见忽然有一种怪叫声从房子里面传出来。我想要知道究竟发生了什么，于是快步跑了过去，瞧见一匹马受到了惊吓，它极力挣扎着，试图从屋子里面跑出去。终于，那匹马找到了通往走廊的大门，紧接着它从四楼的走廊，跑到了大街上。最后，当我看到它的时候，它已经粉身碎骨地躺在地上，我受到了极大的惊吓。"

两个梦中都提到了死亡，让人感到震惊——尽管人们有时候做一些吓人的梦也是正常的。这两个梦里面，"母亲"和"马"是最突出的部分，所以我们暂时先把注意力放到这上面。这两种动物都有自杀的相同举动，所以它们肯定是同一个类型的东西。母亲的象征物事实上就是原型，能够给人很多提示，比如说，关于起源、自然、负有间接地创造任务的东西、本质以及物质、物性、下体（子宫）和生命机能，等等。无意识的、自然的以及本能的生命同样也能够让我们想起来，还有生理性的范围，也就是容纳我们的地方或者是我们居住的地方，母亲是代表着意识的基本，因为她是一个容器，或者说是携带和培养的中空体，也就是子宫。当一个人或者是物体处于另外一种物体内或者说容纳在里面时，周围肯定是黑暗无光的，所以代表着一种惊恐的状态。通过这些暗示，很多神话以及字源学上关于母亲的含义和变义，都被我列举了出来，中国哲学家所说的“阴”的概念，正是我在这里要表达的。这两个梦的内涵，体现的就是这些，但是一个十七岁的少女是不可能体验过这些东西的！那些都是曾经的历史所遗留下来的。每个时代的每个民族，都能够看到这些存在，一是凭借着语言，保存到现今，二是通过心灵的结构历代传承下来。

这里提到的“母亲”这个词，和平日里大家熟知的母亲是相同的，也就是“我的妈妈”。但是母亲象征，同时又有另外一种有系统概念的暗示，我们可以把这种暗示叫作“隐藏性的、且受到自然限制的肉体生命”。但是，即便是这种说法，也仍旧显得有些狭隘，还有很多跟它有关的旁义并没有加进去。这个象征所具有的精神性比我们想象中的要更加晦涩复杂，所以我们必须要站在比较远的地方，才能够辨别出来，那也只是看个大概。因为这种种的特征，所以我们只能选择另外一条道路，那就是象征式解说法。

假设解说这个梦的时候，我们运用到这个结论，于是就会产生下面的含义：无意识的生命正在做着自我毁灭的举动。这就是这个梦想要告诉梦者意识的消息，同时该梦也想要告诉每一个听众。

在神话和民间传说的故事里面，“马”是一个非常普遍的原型。如果将它作为一种动物来看待，马代表着一种低于人和野兽的非人的精神，也就是所谓的无意识。为什么在很多民间传说中，马能够听到声响、看到幻影，甚至还会说话，这就是原因所在。作为一种负载动物来说，马和母亲的原型有着很密切的关系；死亡的英雄被瓦尔基里人[①]运到了瓦尔哈拉（Valhalla），希腊人藏身于特洛伊木马的肚子里。作为次于人的动物来说，马代表着肉体的下部以及源自该部位的兽性。马是种动物性力量，是代步的工具，好像自然地就能将人带走。和其他缺乏高等意识的动物一样，马也会受到惊吓。除此之外，马与邪术或者符咒都有着不可分割的关系，尤其是那些能够在暗夜中预测到死亡的马。

很显然，在意义上面，“马”和“母亲”的差别并不大。母亲是生命起源的代表，而马则是肉体兽性部分的代表。如果在解释这个梦的时候，我们能够运用到这个含义，它的意义便是：其兽性正在进行着自我毁灭。

这两个梦所包含的意思几乎是相同的。但如果按照常理来推断，第二个说法看起来更具有特殊性。它特殊的地方我们可以从两个方面来进行证明：梦者的死亡问题在梦里面并没有提到。我们经常会梦见自己死去。但这算不上严重的问题，因为当死亡真正降临的时候，它在梦里出现的情境，将会是另外一种姿态。所以说，这两个梦都预示着，有一种非常可怕的，甚至可以说是足以致命的肉体疾病即将来临。随之而来的诊断，恰恰证明了我这种猜想是真实可信的。

---

① 瓦尔基里人（Valkyries），系北欧神话故事中诸神的女仆，奥丁神曾把她们派遣出去，腾云驾雾前去战斗，在战斗中，奥丁神选出了一些勇敢的战士派往瓦尔哈拉为其服务，战士去世之后，瓦尔哈拉便是其灵魂的归宿。

我已经在上面将那些具有较为固定性象征物的通性，粗略地勾勒了出来。像这样的例子还有很多，它们的含义在不同的个案里面，也会有细微的差别。只有运用科学的手段对那些神话学、民间传说、宗教及语言进行研究比较，才有可能确定这些象征符号的真正含义。和在意识状态下相比，人类心灵的进化过程在梦里面反倒是更容易显现出来。梦将象征物作为自己发言的载体，将那些来源于最原始层面的自然本性都暴露出来。通常来说，意识会很容易脱离自然的法则，但通过和无意识的同化的方法，它就可再与之相融合。凭借这些，我们可以指引病人再次发现自己真正的自我法则。

受篇幅所限，除了谈谈关于本题的部分外，其他的我也说不了什么。那些根据无意识所提供的线索，最终让一个人恢复正常的所有方法，我也没有办法事无巨细地全部说给大家听。在这个过程中产生的同化作用，要远大于医生期待的治疗效果。最终甚至会实现我们最高的目标，这个目标或许是生命的原动力，换句话说，也就是一个人人格的竣工。毋庸置疑，最先科学地观察到这种自然过程的人，肯定是我们的医生。一般情况下，发展过程中的病理部分是我们仅能看到的部分，病人一旦恢复健康后，我们就没法再看见了。但我们想要更深层次地去研究那些经历了十多年正常变化的过程，只有在治疗发挥了功效后才能实现。如果想要对梦所显示的历程了解得更深刻，想要更加快速地辨别出象征符号的含义，我们要做的就是多多了解无意识心理发展的方向，不要完全依赖病态方面的知识来构建心理学见解。

我觉得，每一个医生都应该清楚，对于一般的心理治疗方法，尤其是分析法，都是可分解成在连续发展进程中的一个个的片断，有时高有时低，因此单独的片段可能会趋向于相反的方向。既然每一次的分析本身，只能代表心理发展过程中的一个部分或者说一个方面，那么相互比较的结果只会给人带来失落的杂乱。因此，我只想针对本章问题的基本原理以及它的实用方面来谈一谈。如果大家想要获取满意的结论，那么只有通过实际去触碰事实的部分才能得到。

第二章

现代心理治疗问题

Modern Man In Search Of A Soul

寻求灵魂的现代人

一般人经常把心理治疗和“精神分析”混淆在一起，后者也可以称之为用心理学的方法去治疗心理问题。现今大多数人都已经接受了“精神分析”一词，所以说，每一个谈到这个词的人，都会认为已经理解了它的含义；殊不知，能够真正领悟到它意义的人是少之又少。

这个词的创立者是弗洛伊德，根据他创立的目的，“精神分析”仅仅是指：运用某种潜抑的冲动，对心理症状进行解释的一种特殊方法。既然这个方法是一种研究人生的特殊尝试，那么某一些理论上的假说自然也就会包含在精神分析的观念中，比如说，弗洛伊德关于性的理论就是其中的一个。作为精神分析的创立者，弗洛伊德非常明确地坚持着这个应用的限制性。虽然内行人坚持这一原则，但外行人在遇到很多探讨心理问题的科学方法时，仍然是将精神分析的观念运用到上面。

因此，站在观点和方法的角度来看，就算阿德勒[1]一派和弗洛伊德一派存在着很明显的差别，但同样被称之为“精神分析”。但因为存在着不同，阿德勒并没有把自己的方法叫作“精神分析”，而是叫作“个体心理学”；就我个人来说，我喜欢把我的方法称为“分析心理学”。我期望这个名称可以代表一个总体的概念，“精神分析”和“个体心理学”以及在这个领域内的其他成果，都包含在了这个总的概念之内。

既然说人在心理上面，存在着相通性，一些外行人可能就要急着下结论，觉得世界上只存在着一种心理学，而且还会把各个学派之间的分歧看作是主观的诡辩，或一些可笑的人借以达到自我掩饰和自我标榜的目的。当然，很多不包含在“分析心理学”领域内的其他心理学派，我都可以轻易地将他们一一罗列出来。事实上，在方法上、观点上以及信条上，确实有很多学派都是互相冲突的，因为这些学派模糊不清，所以根本就没有办法确定到底谁比谁更准确。今天的心理学观念存在着很多种类和分歧，这并不奇怪，但是很多外行人就会质疑，难道就没有人能够将这些观念做一个综合性的研究吗？

一本病理学的教科书里面，存在着很多不一样的治疗法，如果被人们看到，肯定会毫无疑义地坚信，这些治疗法中不存在特别有效果的。同样的道理，如果我们遇到许多研究心理的方法，肯定也会确信，

① 阿尔弗雷德·阿德勒（Alfred Adler，1870–1937），系奥地利心理学家、精神病理学家，同时创建了个体心理学。

没有一个能够实现最后的目标，那些凭空想象出来的方法肯定是更加不可行。现今很多“心理学”确实已经发展到了不知所谓的地步。了解心理的途径愈发艰难了，正如尼采所说，心理学本身已经成为一个“有角的”问题了。难怪它被如此多的人攻击为难以捉摸，因为能够攻击的目标实在是太多了。所以，我们提到的意见分歧的现象，也就能够理解了。

读者会认为，在讨论精神分析的时候，不能仅仅只看它狭窄的定义，那些为解决心理问题所做出的努力，只要这些努力和成败与心理分析有着关系，我们就更加应该去讨论。

我们不禁要发问了，为什么大家突然就对人类心理产生了这么大的兴趣，并且将它视为一种新鲜的事物？这是以前都没有出现过的现象。我在这里只是想把这个不怎么相关的问题提出来，并不打算作出答复。但这并不表示它无关紧要，现今大家对诸如通神学、神秘学以及占星术，等等，都同样表现出了非常大的兴趣。

在外行人看来，医学上的实际经验是“精神分析”相关概念的来源；因此，大部分应是属于“医学心理学”的。无论是在术语方面，还是理论上面，它确实具有医生在诊断室的特征，因此我们就会觉得，许多医生的假定都是来源于自然科学，特别是生物学。这一现象在划清现代心理学和学术界中哲学、历史以及古典学问这方面，有着非常大的贡献。现代心理学非常贴近于自然，属于实验性的科学。反之，另外那些学科完完全全是以心灵为根本的。但是随着医学和生物学上面一些术语的加深，自然和心灵之间的桥梁越来越难以沟通，虽然有时候这些专门用语非常实用，但对于人们想要划清心理学和如上所述其他学派间界限的美好愿望，则相去甚远。

在观念上有如此之多的混乱，因此我才觉得在本章开头的声明，是不能够缺少的。现在，可以开始来谈论我们现在正在进行的工作了，即探讨“分析心理学”的真正成就在哪里。基于在这方面的研究尝试非常之多，想要对其做一种概括性的叙述，这实属不易。但若是从它的目标和成就这方面来看，我试图把它们划分成几个组或者是几个阶段，在这里我的观点带有一些保留。况且，我也仅仅是想着把它看作是一种暂时性的划分方法，这尚不能算是一种标准。话虽然这样说，我试图用四个标题来划分有关的研究发现:“倾诉”(confession)、“解释”(explanation)、“教育”(education)、“相互改变”(transformation)。这四个名词的意义是我首先要讨论的。

忏悔式的倾诉是所有分析治疗法的典型开始。两者之间并没有直接的因果关系，但是心灵起源却是相同的，尽管外行人看不出精神分析的原理和宗教上的自白忏悔之间的关系。

一旦一个人拥有了罪恶的观念之后，心灵上面就会产生掩饰的行为，或者用分析法用语来说，就是出现了潜抑(repression)的现象。只要是藏起来的东西，那就一定是秘密的。如果继续保守秘密的话，心灵上就会慢慢地产生一种毒液，它会使得秘密的拥有者和社会逐渐隔离开来。毒液如果剂量少，便是一种无价的治疗剂，在明确个体之间的差异方面，有着非常重要的作用。这种现象经常出现，甚至是对于原始人来说，也是很常见的。原始人在很早之前，就感受到创造秘密是非常有必要的；一个人拥有秘密，使得他不会在社会中消融，同时心灵也将不会受到可怕的伤害。众所周知，很多古老且神秘的祭礼，存在的目的就是为了配合这种互相区别的需要。哪怕是早期的基督教教会举办的临终涂膏礼，也是一种神秘的仪式，这种洗礼只在密室中进行，人们在提及它时，通常会用一些隐喻的语言。

如果一个秘密由一群人共同拥有，就能够带来很多的好处；但是如果是私人的，就肯定会有很多不良的效果。它就如同是人们心灵深处的罪恶感，拥有者将是不幸的，并且会斩断和同伴间的交往。但是，当我们认识到自己所要隐藏的东西具有很多危害，与我们不知道自己潜抑的东西的害处相比，后者要更加可怕，因为它不但心里面隐藏着秘密，还不自知。在这种情况下，它就会很自然地同意识相分离，形成自身独立的情结，意识思想不能对它进行纠正和干扰，它在无意识里面，过着属于自己的隔离生活。心灵中的自发部分便是由这种情结构成，就如同经验显示的那样，自发部分会发展出一套独特的自我幻想式生活。心灵的自发活动其实就是我们所谓的幻想；意识部分的潜抑行为一旦有了轻微的松懈，或者是在睡眠时完全止住，它就会出现。在睡眠中，这种活动就是以梦的姿态出现。而且在白天时，我们同样也会在意识的边缘下继续做梦，尤其是此种活动在受到一个潜抑的或者是无意识的情结影响时，将表现得更加明显。

另外值得一提的是，无意识内容的产生并不一定都是之前的意识受到潜抑，然后变成无意识的情结的。相反地，无意识自身原本就具有一些特殊的内容，这些内容生长于无意识内部的深处，最终浮出了意识的表面。所以我们不该在没有弄清楚来龙去脉前，就将无意识描述成是被意识心理所丢弃的东西。

心灵内容中所有接近意识底部或是浮在意识之上的部分，都会对我们的意识活动产生一定的影响。既然内容本身并不是意识的，由此产生的影响力肯定也不是直接的。受此干扰产生的迹象，表现为我们日常的失言、笔误、遗忘以及类似的现象，另外还包括所有的神经症症状，道理都是一样的。这些现象都有着自身的心灵渊源，如果不是表现得太过分或者是其他的一些原因，一般不会导致可怕的情况。上面所提到的“失误”——失言，就是最轻微的神经症，名字或日期忽然间就忘了，意想不到的摔跤造成受伤，误会别人的情绪，听错别人说的话，以及造成我们误以为自己已经做过某些事或说过某些话的记忆错觉，等等，都包括在内。上面说到的这些现象，我们将其拿过来仔细研究，最终发现存在着某种东西，间接且无意识地影响了意识的正常工作。

所以我们说,无意识的秘密和有意识的秘密相比,前者的危害更大。我遇到过很多病人，生活处境都特别不好，他们的意志只要稍微薄弱一些，肯定会选择自杀。他们经常都会有自杀的倾向，但是由于先天理性的存在,所以自杀的冲动就不会出现在意识之上。但是在无意识中,仍然存在着这种冲动，于是就有了很多可怕的灾难，比如说，由于昏沉或犹疑，忽然在一辆行驶的车辆面前停下，把有毒的汞误当作止咳药吃下去，忽然之间有一种表演危险杂技动作的冲动，等等。事实上，只要能想办法把自杀的倾向变成意识中的一部分，自杀就会受到常识的干涉；病人就能够辨认出这些情况，而且在面对这些诱使他们做一些自我毁灭情境时，就能够更好地避开了。

我们都知道，每一个个体的秘密都存在着一种罪恶感，无论怎么说，站在常人道德观点来看，可以说是一种不正确的秘密。另外还有一种被叫作“克制”（withholding）的掩藏，大多数情况下，克制比较多的都是情绪。就像是秘密的情况一样，我们在这里也应该有一定的保留。克制对于身心是有好处的，甚至还可以将其称为是一种良好的品德。克制之所以会成为人类最早的道德成就之一，大概就源于此。在原始人的祭祀仪式里面，克制扮演着非常重要的角色，尤其体现在一些禁欲的人、忍受痛苦的人以及忍受恐惧的人身上。不过，只有在和别人一起秘密进行的集会中，自我克制才会被需要。但是克制假如只属于私人，而且不包含任何的宗教色彩，那它就会像私人的秘密一样，都有危害了。这类型的克制导致了我们人类所有的恶劣情绪以及易怒现象。我们要隐藏的东西以及某种我们甚至要进行自我欺骗的东西，就是那些我们一直在压制的情绪；男人在这方面做得是非常好的，但是对于女人来说，除了少数特殊的，大多数生下来就没有办法做到粗暴地对待自己的情绪。一旦压制自己的情绪，就像压制无意识的秘密一样，它就会将我们孤立，不断地干扰我们，让我们慢慢生出一种罪恶感。

一般情况下，如果我们心里面有个秘密，而其他人又没有，本性就会朝我们发火，所以说，如果我们为了不去伤害别人而压抑住情绪，那么本性也会对我们发火。在这一方面，本性偏爱于空无所有，时间长了之后，最让人受不了的事情，大概就是只凭借着压制情绪来维持人与人之间的和谐关系了吧。通常我们想要保密的，都是那些受潜抑的情绪，然而，大部分的情绪压根就不值得我们去保密；很多原本可以直言的情绪，在紧要关头却被压制住了，因此才变成了无意识的一部分。

过度地控制秘密或许正是神经症形成的一类原因，过度地压制情绪则是另外的一类原因。不管怎样，歇斯底里神经症患者，虽然从来不克制自己的情绪，但是心中肯定是有秘密的；另外一个方面，强迫神经症患者，肯定是没有办法对自己的情绪进行消化。

不管是保守住秘密，还是压制内心的情绪，均是心灵的错误行为，在这种情况之下，也就是私底下，我们产生这种行为的时候，本性就会把一些疾病降临到我们的身上。

但如果我们能够和别人一起做这些事情，本性却能够得到满足，甚至还会被看作是良好的品德。只有私底下，而且是为了自己而进行的克制，才是有害的。这样一看，似乎是在说明，每个人都有权利去知道别人努力保密为了保护自己的东西，比如说弱点、缺点、笨拙之处以及错误之处，等等。从本性的角度来看，一个人如果把缺陷掩盖住，那就是罪恶的，看起来就好像是人们必须要依靠弱点才能活下去一样。人们觉得，一个人如果不想办法停止或者说抛弃防御、保护自己，而是坦诚地承认自身也有错误之处，承认自己也只是一个普通人的话，良心就会对其进行严厉地谴责。他只有这样去做了，存在于他和生活经验之间的鸿沟才会消失，他才会觉得自己有种融入了众人之中的感受。到这里，我们才知道，真正的、不落俗套的自白究竟有多么重要，在古人的入会仪式以及神秘的祭典习俗中，这种重要性就已经被发现了，就如同是希腊的圣餐礼里面说过的一句话：“放下你所拥有的，你才能够得到自己想要的一切东西。”

在心理治疗初期阶段，这句话就是我们的座右铭。利用科学的方法去实践古老的真理就是精神分析初期的基础性工作；“宣泄”（catharsis）是初期使用的词，它源于希腊人的入会仪式。“宣泄”起初就是想办法让病人和自己的内心深处进行沟通，不管用不用催眠的方法，换句话来说，就是把病人导入冥想或者是沉思的境界，这是东方瑜伽术的观点。精神分析与瑜伽术不同的地方在于，它的目的是要在冥思的状态中，对那些难以捉摸的影像进行观察，表现出来的形式可以是意象也可以是感觉，即那些不用我们做出任何努力，就自然而然地出现在了无意识中的部分。运用这个方法，那些潜抑过的，或者是已经忘却的东西，就能够被我们再一次发现。因为虽是些次要的或者不是很重要的东西，但仍旧是属于自我的阴影，仍旧是能够补充自我本性形成的东西——虽然这件事情有些痛苦，但却是一项非常有收获的工作。

假如我没有办法把阴影投射出来，那么我的实体又如何得以存在呢？我既然是一个完完整整的人，那就肯定存在着阴影；我知道自身有着阴影，但我同样知道，任何人都是和我一样的。如果我能够确认拥有自己的一部分，那么这个使我完整化的再发现就会抹除掉我的情结，我没有患上神经症以前的本来面目就会显露出来。让事情只有自己知道，我只能治好其中的一部分，原因在于我仍旧是处在一种孤立的状态之下。我如果想要投入人类的怀抱，避免受到道德放逐的痛苦，就只能依靠于倾诉的形式。充分的倾诉才是这种宣泄治疗法的目的，仅仅在表面上说出事实是远远不够的，诚恳地把受压抑的情绪真正释放出去，才能达到想要的效果。

很容易想象，对于那些头脑简单的人，这样的倾诉具有非常好的效果，而且通常情况下，它治疗痊愈的效果都极为显著。不过，在这个阶段使用了此法就痊愈了的病人，并不是我现在想让大家关注的地方；一再强调的倾诉的重要性才是我想让大家注意的关键点。这就是最让大家感到惊讶的地方。因为每个人或多或少都会因为深藏着秘密，而看起来有些异常；我们不仅不愿意使用倾诉的方法试图将那些使得我们分离的隔阂填补上，反倒是走上了另外一条路，简单地相信那些自欺欺人的观念和妄想。

我之所以说这么多，并没有打算要高谈阔论。如果对于罪恶的倾诉要求得太多，就没有办法帮助我们走得更远。这件事处理起来，需要小心谨慎，这是心理学告诉我们的。直接或只针对它自己做研究，我们是没有办法做到的，原因在于，它原本就拥有一个极其“尖而弯的角”。当我们讨论到第二阶段的解释时，这一点将会变得非常清晰明了。

很显然，假如“宣泄”治疗法能够包治百病，倾诉将会是这个新的心理学派永远停留的阶段。最关键的是，我们也不是永远都有方法把某些患者带到无意识的边缘，让他们看见自身的阴影的。实际上，有很多病人都异常确定地认为，没有办法能让他们放松，这些病人往往很复杂且具有很高的意识性。他们对于将其意识减弱，总是表现出极大抵抗；他们自身完全意识到的事情只愿意和医生说，希望这些困难能够被医生所了解，继而一起对其进行讨论。他们表示，早就厌烦了，没有必要再对无意识进行倾诉了。在面对这类病人的时候，一套探究无意识的新方法就显得极为重要了。

我们在运用宣泄治疗法的时候，会遇到很多限制，这个便是其中之一。下面我们还会讨论到另外一个限制，由此，引出了第二阶段的问题——“解释”阶段。我们先来假定这里存在着一个病例，倾诉如果根据宣泄治疗法的原理来看，已经算是开始了，神经症已经没有了，换言之，症状最终不存在了。如果只凭借着医生的观点来看，患者可以说是完全治好了，他可以回家了。但是患者，尤其是对于女患者来说，事实上他们还不能离开。原因在于患者做了倾诉工作，因此仿佛和医生联结在一起了。这种看似毫无意义的依附关系假如被勉强斩断，原来的症状肯定又会出现。

奇怪且有着一定含义的病例，往往是那些没有依附关系的病例。显然，患者一定是治愈了才回家的，可是此时他已经爱上了挖掘内心深处的感觉，他无所顾忌地想要继续倾诉，即使是没有办法恢复到正常人的生活，他也在所不惜。他受无意识的支配和自己的控制，而非医生的。显然，他已尝试过忒修斯[1]和他的同伴庇里托俄斯[2]到达地狱成功将冥府的女神请回阳间的经验。在回来的路上，由于太累他们便坐下来休息，最后却发现自己站不起来了——他们已经和石头长在了一块儿。

病人需要知道这些怪异而且出人意料的事件，所以都需要做一些解释，另外上面提到了一些案例，都没有办法使用宣泄治疗法，我们

① 忒修斯（Theseus），在希腊神话故事中，他是阿提卡的英雄，其父是雅典王埃勾斯，他一生功勋满满，凭借斩杀牛头人身怪物而名震四方。

②庇里托俄斯（Pirithous），拉庇泰人的国王，在英雄忒修斯进行各种冒险活动之时，他是其伙伴与助手。

都必须使用解释来进行处理。虽然这两类病人明显不同，但是二者的相似之处均是需要借助解释，也就是探究弗洛伊德所发现的“固置现象”[①]问题的来源。“固置现象”在那些接受过宣泄治疗法患者的身上表现得特别明显，那些依旧依附于医生的患者更是如此。在催眠治疗不愉快的结果上面，相似的问题也有所体现，但是没有人知道这种依附关系的结构。如今我们已经发现，这个问题的联结关系和父子之间的关系，极为相像。病人开始陷入一种依赖的状态，就如同孩子般，甚至完全没有办法用理智和悟性去保护自己。固置的病征有时候会特别强烈，出人意料，甚至会让人觉得是遭受了某一种源自超自然力量的影响。但是这个过程既然是无意识的，所以病人就没有办法提供任何的线索。

很明显，我们现在面临着一种新的“神经症”症状，它是直接由心理治疗导出来的。所以问题紧随而至：面对这个新的难题，我们该怎么做呢？毫无疑问，从表面上看，父亲的意象以及他的感情等记忆，现在已经转移到了医生身上，即便医生不愿意处在父亲的位置，但病人已经将自己置于孩子的位置上了。很显然，并不是因为这种关系，病人才变得有些孩子气；而是病人身上原本就有孩子气的特性，只是被他自己潜抑住了。孩子气的特质浮到了表层，重新找到了丢失已久的父亲，童年时代的家庭氛围也再一次恢复了过来。弗洛伊德给这种现象取了一个合适的名称，叫“移情”。依赖帮助你的分析师是正常的，也是可以理解的，前提是要在一定的程度范围之内。只有那些很罕见地拒绝移情，且拒绝别人指正的人，

①“固置现象”（fixation），也就是在人格发展过程之中，由于在初期发展阶段遭受到的深刻影响，从而使得其性格在这个阶段固定的情况。

才是不正常和意料之外的。

弗洛伊德对这一联结关系的性质进行了解说，这也是他的杰出成就之一，最起码在解释这一点时，他是站在了个体的历史经历这一角度上，同时他也开辟了心理学领域的一条平坦大路。如今大家都已经知道，这一联结关系是由无意识里面的幻想引起的。我们所谓的“乱伦”的特性，其实就是这些幻想；这一点也解释了，这些幻想为什么一直都在无意识的状态中保持着，如果想让它显现出来只用“倾诉”的方法是根本不可能的原因。虽然弗洛伊德曾多次提到这些乱伦的幻想受到了潜抑，更加深入的经验显示，我们发现这些幻想根本就没有被我们意识到，或者说进入意识也是以特别模糊的形式—所以，它们就不能被我们看作是一些曾有意被潜抑住的东西。根据最新的研究报告显示，这些乱伦的幻想好像一直都是处于无意识中的，直到利用精神分析时，才被最终挖掘出来。我之所以这样说，并非意味着将它们从无意识中提取出来是一个干扰本性的行为（但是我们最好能够避免这种行为）；我更倾向于提醒每一个人，这个过程是一件非常严肃的工作，就如同是任何的外科手术一样。如果在精神分析的过程中，遇到了一个不怎么正常的移情，能够将它解决的方法，就只有发掘出乱伦的幻想。

宣泄治疗法为自我的内容找到了与意识相接近的途径，而且走上了正常的道路；而在另外一个方面，因为自己本身的特性，这些内容没有办法进入到意识里面。倾诉阶段和解释阶段主要的不同正在于此。

上面我们已经谈论了两种类型的病人：一类就是没有办法利用宣泄治疗法处理的人，另外一类就是能够使用这个疗法的人。另外我们也探讨了一些病人的固置现象，是以移情的形式出现的。除了这些，我们还谈论了一些病人，他们与医师之间没有任何的依附关系，但是他们自身已经和无意识产生了一种比较复杂的联系。父亲意象在这些病人身上，仍旧是没有办法转移到另外一个人的身上。这个意象变成了一种幻想，但是仍然具有自身的吸引力，而且与移情所产生的依附力量相比起来，是差不多的。

有些病人没有办法毫无保留地接受宣泄治疗法，假如站在弗洛伊德研究观点的角度来看，原因就更容易明白了。我们能够发现，病人在还没有去看医生之前，就已经把自己视为父亲和母亲了，而通过这种认可所产生出的力量、权威、独立和批判力会使他们生出一种抵抗的力量。这种人，大多数都是有教养和个性的。而另外有些人，是无意识中父亲意象的牺牲品，在不知不觉间将自己和父母等同起来，并从中产生力量。

说到“移情”问题，我们没有办法依靠倾诉来取得什么成果。所以，弗洛伊德才不得不将原本是布罗伊尔[①]的倾诉方法从根本上做了一些修改，修正之后，变成他自己所谓的“解释法”（interpretative method）。因为移情所导致的关系必须进行解释，所以这个过程是必不可少的。外行人一般不知道它的重要性；但是对于医生们来说，突然身陷不可思议的幻想中，他们很容易就能够看得出来。医生要和

① 布罗伊尔（Breuer Josef，1842–1925），奥地利医师及生理学家，是精神分析的先行者，《癔病的研究》（1895 年）是他和弗洛伊德合著的，这本书第一次向人类公布了净化治疗法的功效。

病人解释“移情作用”——讲他把医生设想成什么人的事实解释给病人听。病人自身也不知道原因，医生只能尽力从病人的幻想中，获得一些提示，然后运用分析解说法来做研究。而最为关键的是，我们做过的梦能为我们提供出非常重要的资料。当弗洛伊德努力研究与人们的意识没有办法兼容的潜抑愿望时，当他致力于梦的研究以及愿望的探究时，才发觉乱伦的内涵，也就是我上面提到过的。当然研究成果肯定不止这些；他还因此发现了人性可能蕴含的丑恶部分，如果要把这些东西都罗列出来，我大概要花上一辈子的时间吧！

一个前所未有的结果因为弗氏解释法的副产品而产生了——人的阴暗面被毫无遗漏地揭发了出来。这是在想象的范围中，关于人性的错觉最有效的解药；这也是攻击弗氏及其派别的人数量庞大、行动猛烈的原因。我们对于那些坚持人性错觉的人，并没有什么话可说；但是我知道，有许多人特别能够正视人生的阴暗面，毫无错觉，但是他们却仍然反对解释法，反对那种戴着有色眼镜，仅仅从阴暗面去描述人性的方法。主要的问题毕竟不是阴影，而是那些投射阴影的个体自身。

弗洛伊德解释法凭借的，正是开倒车且不断往下坡路走的“还原”（reductive）解释法，只要行为过分，太过于坚持自己不正确的观点，都会产生不好的影响。话虽然这么说，但弗氏的开拓工作，确实让心理学受益颇丰；如今心理学才知道，人性有自身的阴暗面，且不仅仅人有阴暗面，就连人的作品、典章制度以及信仰皆在此列。我们甚至在最为淳朴以及神圣的信条里面，都能够寻找到卑微的来源。因为所有有机体的起初都是非常鄙陋的，所以这种判断事物的方法也是有着一定道理的；就好像我们在建造房子时，都是从下面往上面建造的。雷纳克[①]在解释《最后的晚餐》这幅画时，采用了原始人的狼图腾观念，只要是有思想的人都会承认这种方法有着深刻的意义；关于希腊诸神的神话中的乱伦主题，他也不会反对。当然毋庸置疑的是，从阴暗面对光明的事情进行解释，并因此就将光明东西的来源看作是可怕的肮脏的东西，这是让人无法忍受的。不过，我反而认为，如果说从阴暗面进行解释的方法会导致一种不好的影响的话，那么这恰恰是人类弱点所在，同时也是美中不足的地方。

我们之所以恐惧弗氏的解释法，究其原因，是我们自身所拥有的野蛮性和孩子气，觉得只有高度没有深度，才使得我们蒙蔽了真理，殊不知，假如走到极端，两端必将相遇。我们有一个不正确的观念，觉得在解释时，一旦从阴暗面出发，光明的一面就因此而不复存在！弗洛伊德本人就非常不幸地犯下了这个错误。事实上，阴暗属于光明的一部分，道理就好像善与恶一样，反之也是成立的。所以，我情愿不顾大家的惊讶，将我们西方思想的错觉及渺小毫不犹豫地揭发出来；对于这个事实的产生，我感到很欣慰，而且非常欢迎，把它看作是一个重大的贡献。我们常常可以在历史中看到，诸如这类的现象往往会造成事理的正确性。它强迫我们去接受比如爱因斯坦在现代数学物理方面所说明的哲学相对论，这是一项东方人的真理，完全没有想到它对我们产生了如此深远的影响。

心灵观念不会影响我们的行为。但如果一个心灵观念是东西方的

① 萨洛曼・雷纳克（Saloman Reinach,1858–1932），他的哥哥是法国作家约瑟夫・雷纳克，1880—1882 年期间，在靠近士麦那的米里那等地区，他有很多考古发现。

隔离、其间没有任何的历史关系的心灵经验的共同结果，那么我们就需要去做更深层次的研究了。因为像这类的观念代表着一种力量，它们没有办法用逻辑进行证明，道德也不能对其进行制裁；其力量同人或其脑力相比起来，要强大很多倍。人总是坚信，自己铸造了这些观念，但是实际上，是这些观念铸造了人，而且让人变成了没有任何思考力的代言人。

现在我们再来探讨“固置现象”这个问题，我首先要说的是解释法所具有的作用。在挖掘出病人移情行为的阴暗根源时，病人就会发觉，他和医生之间的关系并不是合理的，他很容易就觉察到他的想法是如何不合适以及稚嫩好笑的。假如他曾自视为权威，原来比较高的地位就会被他替换成更加谦卑的地位，他也会去接受如此不安全地位对身心有好处；假如他曾对医生做过孩子气依赖行为的话，如今肯定会发现一个真理，那就是最幼稚的自我陶醉的方式是依赖他人，然后便选择一种更强烈的自我责任感将其取代。稍微有些见识的人，都能够对自己有个正确的评估。一旦知道了自己的不足，他肯定会凭借着对于自己的正确评估来保护自己，今后也会不断地同生活抗争，通过不断的工作和经验丢掉一些力量——那种促使他去执着于孩子乐园不放手的力量。他在道德上的原则，将会是坦然且心胸开阔地去容忍自身缺点的行为，并且努力抛弃掉感伤情调和错觉。最终的结果肯定是，他会逐渐地离开充满弱点和诱惑的无意识。

被教化成一个社会人是病人现在所面临的问题，由此我们便进入了第三个阶段。那些敏感于道德问题的人，他们只要开始去了解自己的内心，对于继续拼搏来说，就已经足够了；但是有些人完全忽视道德价值，对于他们来说，仅仅这些根本就不够。即便是他们坚信“领悟的方法”，但假如外在因素的刺激比较匮乏，于他们来说，效力仍旧是无法发生的；对那些已经亲自尝试过分析解说法，但仍对其持有一种质疑态度的人更是如此。这种人大多数心理上都接受过教育，对于解释法的道理，也能够深刻解释“还原”，但是他们仍旧没有办法去接受，他们觉得解释只会毁坏其期望和理想。“领悟”在这样的病人身上，仍旧是不够用的。这也正是解释法的局限所在。解释法只有在那些敏感的人身上才能取得成功，也就是那些能够从对自己的认识中独立地得出道德结论的人。

利用解释法同不解说的倾诉法相比起来，前者更是往前推进了一步，因为解释法最起码可以磨砺心灵，那些有益处的潜在能力也能够被它唤醒。但实际上，有的时候，最为详细的解释法只能让病人变得非常有理性而已，它的结果同样是保持经验。问题就在于，弗氏的“享乐原则”的解释法偏差极大，还不能够说明一切，尤其是在它应用于发展的后一阶段时，更是这样。这个观念是没有办法适用于每一个人的；原因在于，即便是每一个人都有这一面，那也不一定总是最重要的情况。一个饥饿的艺术家宁愿要面包，而放弃一幅漂亮的图画，一个处于热恋中的人，宁愿钟情于爱人，而抛弃自己的事业；对于前者来说，也许那幅画更加重要，而对于后者来说，事业或许更加重要。一般情况下，那些很容易就适应于社会并且有一定成就的人，很容易就能用“享乐原则”来说明，但对于那些渴望变得强大而重要却没有办法适应社会的人，却没有这么简单。大儿子继承了他父亲的事业，手握权势，欲望支配着他的大多数行事；而不被人重视，处处受压制的二儿子，野心往往是他行事的动机，他极度渴望被人尊重。他甚至完全被这种情绪所摆布，以至其他一切对他无关紧要。

关于弗氏的解释法，我们现在已经知道它不够彻底，正在这个时候，他以前的一个学生——阿德勒，便站出来着手解决这个问题了。他很肯定地表示，对于很多神经症来说，“权力欲”和“享乐原则”相比起来，在解释其病因方面，前者更容易解释得通。所以，他的解释法便是为了要说明，症状其实是病人自己“安排”出来的，求取虚名就是他的目的，所以才给自己带来了神经症；他的移情现象和固置现象也是为了迎合权力欲的要求，所以这种现象可以说是代表着一种要抗议幻想出来的屈就的“男性的抗议”（masculine protest）。很显然，阿德勒的关注点在那些全心全意想要增强自信心，却把它抑制住而在社会上一事无成的人。这些人会患上神经症，是因为他们经常幻想自己受到了压制，经常觉得自己的想象力没有办法充分发挥出来，他们的最终目标结果也被掩埋了。

事实上，阿德勒的方法开始于第二阶段；他解释症状的方法就像上面所说的那样，这对病人的了解力有所诉求。但是，阿德勒往往不希望病人有过多的了解。根据阿德勒进一步的研究结果，发现了社会教育的需要性。弗洛伊德是一位研究家和解释家，而阿德勒却是一位教育家。当病人处于一种孩子气境况时，他不愿意置他们于不顾，当病人了解了自身却仍然束手无策时，阿德勒便利用教育的方法，尽心尽力地把病人改造成正常人，让其能够适应社会。从这个角度来看，阿氏可以称得上是弗氏方法的修真者。他这样做的原因，显然是坚信社会适应力以及正常化是必不可少的，对于个人来说，不仅符合他的期望，而且还能够给予他最为恰当的成就。正是因为阿德勒派的学说持有这种观点，才使得它备受欢迎，而对于无意识，他却将其忽略了，甚至有时完全将其否认了。或许这是一个钟摆——一项针对弗洛伊德过度强调无意识的反动现象；相同的是，弗氏强调无意识正是由于一般人都畏惧害怕，躲避不说，这种现象在那些努力祈求发展和身体健康的人身上特别常见。因为如果把无意识简单看成只是一个包容人性丑恶或者阴暗的地方，甚至连那些原始的罪恶诉求也包括进去了的话，那么我们为什么还要靠近这个沼泽边缘呢？毕竟我们曾经掉进去过一次啊。也许在泥坑中，研究者看到了一个神奇玄妙的世界，但是作为普通人，却常常将它们看作是避而远之的地方。正如早期的佛教教义，有关于神的说法已经存在了将近两千年，想要摆脱它，便只能否定神的存在了；同样的道理，假如心理学想要有更高层次的发展，就要采取一项极为否定的研究法对待弗洛伊德在无意识方面的理论了。

阿德勒派者倡导以教育为主，他们开始的地方，正好是弗洛伊德停止的地方，所以那些了解了自己内心的人，在追寻正常生活的过程中，得到了他们的帮助。仅仅让他知道为什么会生病以及如何生病或许是不够的，因为知道了恶的根源对于治疗该病并没有太大的益处。我们必须谨记一点，很多顽强的习惯都是包括在曲折的神经症中的，我们同样需要牢记，除非其他习惯取代了这些恶习，否则即便是拥有很多的了解与领悟，也不可能让神经症自动消失。不过，习惯是经由多次的练习才可形成的，因此，适当的教育便是达到这个目标的唯一方法。事实上，病人是能被引导到其他的道路上去的，但必须要具有一种教育意愿，这个工作才可行。所以，牧师和教师们对阿德勒手法如此喜欢的原因，我们就清楚了，而医师和知识分子们对弗洛伊德派者也是倍加推崇——不过后者大多都是一些不好的。

我们在从事心理分析的进程中，每一个阶段，都存在着某些尤其具有决定性的东西。当我们做了有好处的倾诉，也经历了宣泄净化的过程，就会觉得自己最终实现了目标；一切都已拨云见日，都已经清清楚楚，经历了每一种担忧，流尽了所有的眼泪；从此一切都将归于正常！解释法做完之后，我们同样坚信，我们现在已经知道了神经症的根源所在。已经发掘出了最原始的记忆，拔出了最深的根；移情作用只是一种要达成孩子乐园期望的幻想，或者说是追念以前天伦之乐的一种现象罢了；通往正常的、觉醒的生活大道已经打开了。可是教育阶段又紧跟其后，我们发现，一棵弯曲的树，如果想要让它变直，通过倾诉或者解释都是没有办法实现的，一个训练有素、精通园艺的园丁，才是我们最需要的。

每一个发展阶段所带来的惊异结果足以表明，很多现今使用了宣泄治疗法的人为什么连“释梦”这个名词听都没有听过。弗洛伊德派很多人仍然不知道阿德勒，同样，很多阿德勒派的人，对于无意识也不愿意去谈论！每一个学派的人，都自认为自己的结果才是真正的、最终的结果，如此一来，也难怪出现各说各话的情形，观点极其混乱，使得我们完全无所适从。

但是这种各有说辞的现象究竟是什么原因而导致的呢？我们只能通过下面这个理由来进行分析解释：心理分析中的每一个阶段都总结的是一个基本的事实，所以，产生了很多用来说明此原理事例的惊异的方法。因为这个世界上存在着太多的幻象，因为遇到几个例外就不再相信真理的人，是很少的，所有怀疑这个真理的人，肯定会被看作是没有任何信仰的堕落者，同时，在各方面的讨论中，大家却同意幻想和不容忍的态度同时存在。

但是，对于我们每个人来说，传递知识火炬的距离是有一定限度的，我们所需要他人的接力。这一道理，如果大家都能够客观而公正地去接受——我们必须要知道，我们并不是真理的缔造者，我们只是真理的解释者，只是现今大家心灵需求的代言人的话——那么自然就能够避免这里面很多的毒素以及恶意，而且人类心灵所具有的深刻性以及超越个人的连续性，我们也就能够深刻了解了。

我们通常都忽视了一个点，也就是医生并不只是把抽象观念进行具体的表现，而是把宣泄法看作是一种治疗手段，原因就是这种具体表现所带来的也只是宣泄罢了！医生和正常人也是相同的。他的思想自然会受他的专业范围所局限，但是他的行为却会深深影响到一个人。因为他对于这回事并不了解，或是没有办法说出一个恰当的称谓，不觉间就做了许多解释以及教育的工作；还有很多其他的分析者，同他一样，也利用宣泄治疗法，做了非常多的工作，不同的是，他并没有把它归纳总结为一套系统而完整的原理罢了。

分析心理学到目前为止，三个阶段的顺序是不能随便进行调换的。这三个方法与程序相互配合、相互辅助，并且均是同一个问题中的个别部分；三者之间的关系及其与忏悔之间的关系是一样的，都是互不侵犯的。同样的道理，第四阶段，也就是“相互改变”阶段，也是一样：这个阶段不应该被看作是最后一关，或者是亘古不变的真理，它的作用正是要对前一阶段的不足进行补充；它恰巧适应那些多出来的，但是仍然没有满足的一些需要。

想要对第四阶段的原理进行解释，以及对“相互改变”这个不平常的名词做出说明，我们首先应该注意的是人类心灵的需要，到目前为止在其他阶段中，它仍然还没有得到其应有的地位。换句话来说，我们必须要寻找出人们最想要的东西是什么，除了做一个适应社会的人。最有用、最恰当的莫过于做一个正常人了；但是一旦提到“正常人”（normal human being）这个概念的时候，就好像是在说，做一个正常人其实就是一个有适应能力的人。按照平常的道理来看，一个人假如把一种限制看作是进步，往往是因为他发觉已经没有办法将日常生活处理好：我们就可以指出，这个人所谓的神经症病况，已经使他无法享受正常人的生活了。对于那些仍无法适应社会的人来说，他们的最高理想就是过上“正常”的生活。但是对于那些比普通人优越的人，那些对于自己分内的事情，永远有办法做好的人，如果也要他们过上这样的正常生活，那他们只会觉得不舒服、无趣和无望。所以，很多神经症病人的问题就是出在他们的生活太过平凡了，这一点，和那些没有办法过上正常生活的病人的情况是一样的，想要让这些人走上正常之路，无异于白日做梦；因为过上一种“不正常”的生活，才是他们真正的需要。

一个人想要获取满足或者实现期望，究其原因，就是因为他缺少这些东西；他肯定不会对自己已经拥有的东西，表现出太大的兴趣。对于那些有能力适应社会的人，这一点对于他们来说，已经没有什么吸引力了。如果一个人已经知道某件事如何去做，你还总是跟他说怎样做才是对的，他肯定会觉得很讨厌。反之，对于愚笨的人来说，在未来能够做出一些成绩，是他们时常渴望的事情。

每个人的需要都是不尽相同的。某一样东西在甲看来，会让他感觉到自由，但是在乙看来，却有些束手束脚，想要说明这些，利用正常和适应性的标准就已经足够了。站在生物学的角度上来看，人类属于群居动物，只有过上社会生活才能拥有健康的身体。但是上面我们所看到的第一种情况却是与此相违背的，甚至还表明，他如果想要身体健康，只有过非社会性的不正常生活才能够实现。遗憾的是，实用心理学没有办法为这种情况提供有效的秘诀或标准。很多个案的需求和主张都大为不同，它们之间差异的程度很惊人，让人无从知晓哪个已有的案例可以拿来做参照。所以说，对于那些不成熟的假说，医生们最好能够予以否认。当然，并不是让他们否定所有的假说，而是应该把那些适用于任何一个现成病例身上的假说，都应当看作是假设性的。

但是，教育或者说服病人并不是医生全部的工作；医生应该把自己对这种特别病征的反映说给病人听。我们往往喜欢颠倒事实，事实上在所谓的客观和职业性的治疗范围内，医生和病人间的关系，仍旧是特别具有主观成分的。我们不能轻率地否认，治疗并不是病人和医生两者都参与并相互辅助的工作的成就。只有两个基本要素都兼具，才能称得上是治疗。我们的意识范围或许可以轻易地划定，但是他们的无意识世界是非常广阔无垠的。所以说，医生和病人的性格同医生的所思所言相比，前者反倒是更能决定治疗的成果，虽然后者的效果价值同样不容低估。

其实，两种个性的交融和两种化学物质的接触，道理是一样的：假如双方产生了反应，那么肯定都会发生一些变化。我们应当期盼医生能够对病人产生一种非常有效的心理治疗的影响：这种影响产生的前提是，医生也能够受到病人的影响。如果说你没有办法受到影响，同样你也就没有办法产生任何的影响力。医生没有必要刻意扮作道貌凛然的模样，对于病人的影响，也没有必要去回避。一旦他回避了，那么也就失去了获取资料的珍贵机会，然而事实上，他不知道此时病人仍在悄无声息地影响着他。很多心理医生对于病人给他们带来的无意识方面的很多变化，都有所了解；这些害处是在病人“化学性质的”影响下所带来的，也是这个行业所特有的。其中，最著名的就是“移情现象”所导致的“反移情”。但是由这些现象所引起的结果是很玄妙的，其性质就是传统上所谓的驱魔疗法。从这个原理来看，病人将自己身上的病菌转移到了健康者的身上，而后者又将病魔驱逐走了，不可避免的是，治疗者会因此受到一些负面的影响。

通过医生和病人二者间的关系，我已找到了这种促成互相改变的不可思议的因素。在这种互相改变的过程中，决定结果的通常是比较镇静和坚强的一方。我曾经遇到过很多的病例，发现病人在辩驳理论和医生意见方面，表现得甚至比医生都更加强劲有力；这种情况一旦发生了，对于医生来说，通常是不利的，但也有例外。相互影响以及其所具有的各种特性就是相互改变阶段的实质。仅仅凭借二十五年的实践经验，想要了解这些事实的真相是不够的。弗洛伊德本人对它的重要性也表示认可，所以说我提出的分析者本身也必须接受分析这一建议，他也是赞同的。

那么，我这个建议的目的是什么呢？它的意义就在于，医生和病人一样，“同样要接受分析”。在心理治疗的过程中，两者都扮演着重要的角色，都暴露在相互的影响之下。事实上，假如医生多多少少接受了这种影响，那么，他对病人的影响就将会荡然无存；假如他是在不知不觉中接受这种影响的，那么他的意识上就会暴露出一种缺陷，也就是没有办法对病人的病况进行准确的诊断。在这两种情况下，治疗效果将会大大降低。

所以说，医生让病人面对的工作，那么首先他们自己就必须要去面对。假如要求病人去适应社会，首先他必须要以自己的行动作出表率，否则，病人是没有办法做到的。当然这种要求在治疗方法上，表现出不同的方面，需要根据不同的病况区别对待。如果一个医生想要对“幼稚症”进行治疗，那么他首先就要战胜自己的“幼稚症”。另一个医生想要解放病人所有受到压抑的感情，那他就必须要先把自己所有受到压抑的感情解放出来。第三个，医生想帮助病人建立充分意识，那他自己就必须要具有高度的意识状态才能够实现。总之，一个医生想要对病人产生适度影响，那么他就要由始至终努力去达到他的治疗要求。所有这些重要的道德责任，医生在治疗的过程中，都有可能会遇到，所谓“身教必先于言教。”仅仅依靠谈话往往都是于事无补的，无论你如何去变魔术，也不可能长久地逃离出这个法则。最为关键的是，医生除了要去努力说服他人之外，首先要让自己深深地信任于它。

所以，分析心理学的第四阶段并非只要求病人变化，同时也要求医生必须反过来应用这一治疗法。医生在处理自身问题时，必须要做到坚毅、一致，要和处理病人保持相同。当然，要全心全意地去处理自己的问题是一件很难的事情；因为在他把自己的不正确方式、结论以及观念告诉病人的时候，他本身所具有的投入性以及批判性就会表现出来。人们通常会忽略掉医生的自省工作，况且，我们对自身都不太有兴趣。另外，我们总倾向于将自我反省或自我关心，看作是一种病态的现象，原因是我们低估了人类心灵内部的价值。很显然，我们总是错误地把自己看作是一间病房，并觉得里面充满了不健康的因素。作为医生，他必须要先去战胜这些抵触的情绪，如果连他自己都做不到的话，又有何方法对他人进行教育呢？就像一个在黑暗中探索的人，如何有办法对他人进行引导呢？又或者一个自身都不够干净的人，如何有办法去清洁他人呢？

医生在互相改变的阶段里面，必须从教育他人逐渐转向教育自我。大多数情形是，病人要想完成治疗的第一阶段，首先要对自我进行改变。这就对医生有了要求，他们就要先改变自己以便应对病人改变的挑战，但是只有为数不多的人赞成这种说法，原因主要有三点：第一，这个要求好像是不符合实际的；第二，源头是一种不需要自我关心的错误观点；第三，我们要求病人去实现的目标，有时候我们自己也很难做到。医生自我诊断没有办法大规模推行的关键原因，就在于最后的一个要求。因为假如他凭着良心去实行自我诊断工作，很快他就会发现，很多非正常化的、即便是经过仔细讲解但仍困扰着他的东西，就存在于他的本性中。这些东西，他应该如何应对呢？对于病人的事情，他了解得清清楚楚，那是他本职内的事情。可真心而言，关系到他自己或和他息息相关的事情，他应该如何去处理呢？如果他对自己做了检讨，他肯定会发觉，自己也存在着很多在病人面前会伤害自尊的不足。

他一旦有了这些发现，应该怎么去做呢？无论他觉得自己是多么正常，这个或多或少带着“神经症”的问题，还是会给他带来很深的烦恼。他同时也会发现，运用“治疗法”是没有办法解决那些困扰着病人和他自己的问题。他会让病人知道，那些期许从他人身上获取解决的期待会永久地停留在孩童的阶段；而他自己也明白，如果找不到解决问题的办法，这些问题只能面临仍旧被潜抑住的境遇。

自我检讨以及许多与之相关的问题，我不想再做更深的探讨了，原因在于，研究心灵的过程中，遇到了很多难题，我们目前根本就没有多余的时间去研究它们了。前面讨论过的，我情愿再来强调一下：即分析心理学最近发现的关于人性很难了解的因素。我们已经了解医生的个性在治疗中有好有坏的因素；另外我们已经开始要求医生进行自我改变，也就是教育者的自我教育工作。只要是病人体验过的，医生同样也要去体验，他要想避免自己的性格对病人造成不好的影响，就要去经历一番倾诉、解释和教育的阶段后才可实现。医生期望通过处理他人的难题，来逃避自己的难题，这是永远没有办法实现的。他应该谨记，一个医生患有脓疮病的话，那么他就无法去主持外科手术。

就像弗洛伊德去处理宗教问题，是受到了无意识阴暗面的强迫一样，医生必须要在道德态度上对自我进行改变，也是由于分析心理学最近进展的影响。要求医生进行自我检讨以及自我批评的工作，也使得我们对于人类心灵的观念发生了很大的变化。站在自然科学的观点，是没有办法去弄明白的；不只病人，也是医生；不只是客体，也是主体；不只是头脑，也是意识本身。

以前的医学治疗法，如今蜕变为自我教育法，因此，我们如今的心理学的领域随之有了很大的开拓。最重要的东西不再是医学学位，而是人的本质。这是非常关键的飞跃。在临床实验里面，所有心理疗法所发展出来的、经过改进以及整理成的系统化的工具，如今都可以使用了，而且用途还包括自我教育以及自我完善。分析心理学的限制已经被击破了，不再只局限在医生的诊断室里面。可以说，它已经突破了自我，已经进化到可以填补现今仍然存在于西方文化中的心灵空虚（与东方文化比较而言）。

关于怎样去驯化以及制服心灵，我们西方人已经知道了，但是我们仍然不明白这种方法的发展始末以及其功能和用途。我们的文明仍旧是年轻的、桀骜不驯的，所以，所有驯兽师使用的技法，我们都需要充分运用，这样才能驯服存在于心中的那些很难驾驭的野蛮成分。但是在我们上升到一个比较高等级的文化水平时，强迫法就应该被抛弃,进而采用自我改良的方法。鉴于此,我们应该说弄清楚一种方法——但就目前来看，我们仍旧一无所知。不过我个人觉得，分析心理学所有的经验至少可以拿来作为这个工作的基础；原因在于，心理疗法一旦要求医生进行自我完善时，它就不仅仅局限于临床，也不再只是治疗病人的方法。目前，它对于那些健康者也有好处，或者最起码对于那些有资格享受健全心灵的人,以及那些患有每个人都有的病症的人,也是一个非常好的消息了。

因此，我们希望看到分析心理学能够得到更加广泛的运用。但是实现这个希望和现在的真实境况之间，存在着一道万丈深渊。我们需要一步步地用一块块的石头在二者之间构建起一座桥梁。

第三章

心理治疗的目标

寻求灵魂的现代人

Modern Man In Search Of A Soul

神经症属于一种功能性的心理疾病，想要治好它，要运用心理治疗，这一点，大家目前都很赞成。但是，我们一旦谈到神经症的形成问题以及治疗法的基本原理时，大家便开始议论纷纷，意见相左了。对于神经症的性质以及治疗原则的了解，一直到目前，我们都还没有达到满意的成果。虽然说现在有两种思想学派已经被众人所知，但是并不能表明如今各家的学说，都能被这两者所概括。在这些众多的观点中，有一些学者不属于这其中的任何一个派别，他们同样也发表了自己的意见，所以假如我们要试图对他们做一个概括性的总结和描述，方法有且仅有一个，就是模仿彩虹奇妙的渐次着色法，对他们逐一进行介绍。

如果能力跟得上，这种描述工作，我是非常愿意去做的，原因在于，我觉得将这些观点放在一起分析比较，是非常有必要的。长时间以来，对于各种不同的看法，我都不得不施与它们应该得到的尊重。如果这些风行的意见和某些特殊人格、特殊性向以及基础性的心理体验不符合，那这些意见也就不会出现，更加不可能得到支持。假如我们斥责这些观点是无用的、错误的，那就相当于支持这种观点确立的人格或者体验是不正确的。换句话来说，我们就是在打自己的嘴巴，等同于斥责自己实验素材的怪诞性。

如今，大家普遍认同弗洛伊德运用性欲解释神经症的现象，以及心理的所有活动主要是以孩童期的欢乐及其满足为主的说法，心理学家们当然可以以此作为参考。但是他会发现，这种想法和感受恰恰与日前非常普遍的精神潮流不谋而合——在其他地方、其他情况下，在各个阶层的人们心里，它们以不同的姿态出现，和弗氏的理论并不完全相同。我们把这种现象称为“集体精神”（collective psyche）。首先，我觉得在这里有必要把哈夫洛克·埃利斯[①]、奥古斯特·福雷尔和《人类繁衍》杂志的著作加以讨论；我还要对维多利亚时代后期的盎格鲁－撒克逊民族的国家对于性所持有的态度进行探讨；另外，我还将谈到大众文学中逐渐普遍谈论到性问题的现象，尤其是法国的写实主义者，他们于“性”话题的讨论更是热情。在现今，弗洛伊德只是一个有着自身历史背景的心解说者之一。但由于众所周知的原因，关于他的历史细节，我们在这本书里面没有办法去探讨。

阿德勒和弗洛伊德一样，在新旧大陆上所获取的赞赏也有着一样的含义。他指出，很多人之所以会产生权力欲，始作俑者正是自卑感，

① 亨利·哈夫洛克·埃利斯（Henry Havelock Ellis,1859–1939），英国人，心理学家，因他的父亲、外祖父都是船长的缘故，他一生之中的大部分时间都是在太平洋上度过的。在心理学理论的成就方面，他可比肩弗洛伊德。只是他不重视临床经验，而过分地看重生物学的重要性。

这一看法当然是无可厚非的。弗洛伊德学说中，没有办法充分解释的心理现象，用这种观点正好可以做解释说明。这些东西都是非常清楚明了的，我没有必要对“集体精神”的力量做详细的解释，也没有必要挨个列举出阿德勒观念中的社会因素，更加没有必要明确描述他的理论。

盲目地抹杀掉弗洛伊德和阿德勒等人观点中所包含的所有真理，显然是不对的，但是把它们看作是唯一的真理更是荒谬。两个人阐释说明的真理，在心理上，都有着各自的依据。许多病例确实可以利用它们两者中的一个来进行解释或者是说明。我没有办法说他们具有任何的错误，相反的是，我倒是更加希望努力利用他们的假说，因为对于他们的真理性，我是非常接受的。假如我从未发现他们的理论无法解释某些东西，使得我不得不对这些理论进行修正的话，我是不会去背叛弗洛伊德的；和阿德勒观点的关系也是如此。好像无须再指出，我并非自夸已经获得了绝对的真理，我的理论同样也是为了阐释某些因素而倡导的。

假如可能，在应用心理学方面，现今我们应该努力保持一种谦逊的态度，对于许多矛盾看法，就是那些看起来好像是对的，但是实际上又不对的看法，我们也应该赋予它们应该得到的地位；原因在于，目前我们离全面了解人类心灵的境界仍相差甚远，这一领域仍旧是科学性研究最具有挑战性的领域。我们目前能有百分之百把握的观点并不多。所以，我想，我将我的看法进行一个概括性描述的话，希望不会被大家误会。我不是在推崇新的理论给大家，也不是宣传什么福音。我只能算是尝试着对一些不太清楚的部分进行阐述，在从事着某种研究工作罢了，目的是为了克服心理疗法的一些难题。

后一项正是我想在这里讨论的东西，原因在于它是需要立刻进行改正的部分。众所周知，一种错误的理论，人们可以忍受，但是一种错误的治疗法，人们就没有办法忍受了。在我三十年的实际临床治疗经验中，那些遭遇的失败远比我所取得的成果，更加让我难忘。上到原始时代的巫师，下到帮人祈祷的治病者，在心理疗法方面，都有方法做出一些成果。但是心理治疗者却无法从自己的成就里面，获得任何裨益。心理治疗者增强自身信心的来源，只能是自己的成绩以及他很多次失败获取的教训，这些都属于价值连城的经验，原因在于，他从中获取了更加深入到真理内部的机会，另外他还被迫对过去的一些看法以及方法做出了改观。

我十分明白，弗洛伊德和阿德勒两个人让我获益颇多；而且只要情况允许，在实际治疗病人的过程中，我经常把他们的观点运用到其中。但是有一点需要加以说明，假如我起初能够详细研究一些实验材料，就是那些后来迫使我不得不去改正他们观念的材料，很多没有必要的错误我肯定都能够避免掉。我只能提出并且讨论其中较为典型的病例，那些碰到过的所有详细情况，根本就没有办法一一列举出来。一般情况下，应对那些年龄超过四十岁的病人，困难会更大些。我发现，弗洛伊德和阿德勒的学说对于应付那些年轻人而言，已经足够了，原因在于，他们的治疗法往往能够帮助病人适应社会以及过上正常化的生活，不会产生不良后果。以我个人的经验来看，年纪较大的病人就不具有这个能力了。我似乎能觉察到，在人生的历程中，这些人的心理构成已经发生了非常明显的变化，变得我们几乎可以将其划分为两部分，即生命的早晨和生命的下午。一般规律而言，一个年轻人的生命特点是一般性地揭开序幕和奋力奔向终点；而其神经症来源便是他在这个过程中的犹疑和退缩两种现象。但是对于一个年级较大的人来说，节制自身的精力以及稳定住成就才是他生命的特色，求上进于他而言，已经不再那么重要；假如他仍旧对那些曾经的理想怀有妄想，便会产生神经症。年轻的神经症患者害怕生命，年老的神经症患者则害怕死亡。依赖父母对于年轻人来说，是非常水到渠成的事情，因为他在这个阶段对此有所需求，但是对于现实的世界，又不敢去面对，这种现象会逐渐地发展成一种“乱伦”关系，对生活是有害处的。我们应该谨记住，相似性虽然说是存在的，但是阻挠、潜抑、转移以及“虚伪”等现象，对于年轻人和老年人来说，含义是不完全相同的。经过改正后，与这个事实相符合，便是治疗法的目的。所以，我觉得患者的年龄是一个非常重要的征候（indicium）。

但是，年轻时候的其他征候我们也要同样注意啊！假如说本来应该运用阿德勒心理学的地方，却偏偏利用了弗洛伊德的治疗法，从方法上看，就犯下了一个非常大的错误，就好比是用孩童式的满足，来提升一个在事业上毫无建树的人的自信心一样。反之，在解释一个成功人士的时候，原本应该用弗氏的享乐原则，但却使用了阿氏学说，这也是不正确的。有一些病例，难度特别大，患者的阻抗现象往往都能够被看作是非常有用的指标。对于那些树大根深的阻抗现象，虽然猛然听到有些悖于常理，但是我更乐意将其看作是非常珍贵的东西。因为我始终怀有一种想法，对于那些连病人自己都无法理解的心理状况，医生同病人相比，并不一定更有办法加以了解。医生的这种谦逊的态度就目前情形看来，是非常恰当的。现今我们的心理学不但还未健全，而且关于心理结构的知识也极为匮乏，另外还有许多运用一般的说法仍旧是没有办法进行解释的个别心理状况。

至于和心理结构有关的问题，很多研究人性的学者早就已发现了一些典型的区别，我以此为根据，提出了内向和外向两项基本看法。我将这些观点都看作是非常珍贵的指标，这正像我曾经说过的一种现象，就是某种特殊的心理功能强于他种功能。个体的生命因为各式各样不尽相同，所以就迫使我们不得不对自己的理论进行随时随地地修改，这是医生们不经意间常做的事，只是和他的理论原则不一定完全相符合而已。

在谈及心理结构时，人们的态度有唯物和唯心两种，这一点我们不应该忽视掉的。我们不应该随随便便妄下断言，某一种态度，是突然间产生的，或者是因为某种误解而发展出来的。仅仅凭借着批评或者是说服，并不能撼动某种态度；很多病人坚持着不可动摇的唯物观，原因常常是他强力拒绝承认（他心中的）宗教倾向而导致的。有些病例和这种情形恰恰相反，目前更是受到了人们的关注，但数量并不及前一种病例多。这些观点在我看来，也是不应该忽视的“征候”。

我们所提及的“征候”这个词的含义，从大多数医生的习惯语来看，指的就是各式各样的治疗法。或许事实本来就应该像这个样子，但显然这种特别有把握的境界，心理治疗目前还没有达到，所以，我们的“征候”非常不走运，只能作为一种警示而已，就是告诉人们不能陷入偏见。

最难琢磨的东西莫过于人类的心理。我们在每一个纯洁的案例里面，都要将一个问题考虑在内，即是否某一种态度或者某一种习性只是另外一种与之相反的态度的心理补偿现象。我不能否认，在处理这类问题时，经常会出现错误，在某一个比较具体的病例里面，所有解释神经症结构的理论假设和所有病人能够做以及应该做的事情，我都忍不住要把它们拿出来。在决定治疗目标时，我尽可能地都凭借着自身的经验来做决定。

这或许不是一个寻常的现象，因为大多数人都觉得，既然作为一个治疗医生，首先肯定应该要有一个目标。但是我认为，医生在心理治疗的过程中，最好不要有一个太过于稳固的目标。患者的本能以及求生欲究竟需要做些什么，他并不完全明了。一般的情形是，人们在做一个重大决策的时候，其本能和其他神秘无意识远比意识和有意义的推理发挥的作用更多。甲穿着合适的鞋子，对于乙来说就不一定了；能够适合于所有情况的生命诀窍，在这个世界上是根本不存在的。每个人都有着自己的生活方式，这种方式是不能被替代的。

正如上面所说的那样，我们并不是说让病人回归到正常且理性的生活是没有可能的。如果真的是这样，那我们到这里就可以结束了；但是假如尚有一丝余地的话，那么医生就应该再一次妥善处理病人的无意识资料。我们应该遵循本能的需求，治疗问题并不是医生唯一一条应该走的道路，尽最大努力帮助病人发挥其潜在的创造力，同样也是他应该做的事情。

治疗法已经毫无对策，医生需要另想他法，就是我下面将要探讨的部分。当理性治疗法已经没有办法取得让人满意的结果时，我对心理治疗的贡献同样也就表现了出来。我的病人大多数都或多或少地接受过一些心理治疗，但是效果往往都是非常有限的，有的甚至一点效果也没有。我有大约三分之一的病人，其神经症都不是只凭临床经验便可下定义的，对人生已经感到厌倦才是他们的问题所在。我认为，我们这个时代普遍的神经症，就是诸如这种病症。在我的病人里面，过了中年的已经超过了三分之二。

应对这类特殊的病人，假如利用理性治疗法，将是一件非常难办的事情，因为他们中的大部分人，在社会上都小有成就且受人尊敬，所以在他们看来，是否能回归正常化，已然没有太大的意义。我在面对这些所谓的正常人时，往往会有些无措，原因在于，我自身也不能给他们提供一些现成的人生哲学。我的意识资源在这大部分的病例里面，都已经用光了；我遇到这种情境时，真的只能说："我毫无办法。"因为这种现象的出现，使得我们不得不对其中潜在的可能做更深层次的探索。原因在于，每当病人请教于我，"你有什么劝告可以给我吗？我到底应该如何去做呢？"我总是不能给出一个好的回答。同他相比，我知道的东西也并不一定就多于他。我只对于一件事情非常明了：从我的意识层面来看，前行的路我已经不知道该如何走了，所以只能表明，我已经"毫无办法"了，对于这种可怕的中辍现象，我的无意识事实上是不愿意忍受的。

从人类进化史的观点来看，这种中辍现象事实上是非常正常的心理现象，并且在很多童话故事以及神话主题中，也是不足为奇的事情。无论是"芝麻开门"的故事，还是那些在找寻隐秘道路时遇到友善动物协助的故事，我们都已经听说过。"束手无策"或许可以被我们说成是一种具有代表性的事件，在时间的发展中，这些事件已经引发了很多典型的反应和补偿的形式。因此可以假设，在无意识的某些反应里面，比如说梦境中，一定能够找到和它相像的东西。

所以在这些情境之下，我的兴趣便比较集中于梦的方面。原因并不在于我坚信梦最能答疑解惑，也不是我获取了一个玄妙的理论，能够了解所有事物在梦境中是如何展现的；梦本身所具有的盘根错节的复杂性才是我的出发点。我试图从研究梦开始着手，因为我并不清楚除此之外是不是还有别的方法；我确信，它最起码能够替我们把有其内涵的意象指明出来，有总归比没有要好。关于梦的学说，我并没有什么；我对于其来源也是毫无所知。我对自己处理梦的方法，是不是有资格被称作为“方法”，也表示怀疑。

我同读者们一样，也有着同样的想法，我觉得梦的分析这份工作，融合了模糊不清和武断之大成。但是从另外一个角度来说，我明白，我们只要能够花费时间努力思考，对其进行仔细地研究，多次反复地去研究，最终肯定会得出某种结果。这样的结果虽说并不一定是某种科学严谨的东西，也不是某种能够将它理性化的东西，但它是某种真实且重要的线索，能够指导病人去了解其无意识指引他走向的方向。对于我们研究梦有什么科学性的实际效果这个问题，我并不是特别关心；因为如果我关注的点在这里，它的目标将是以我个人的利益作为出发点，仅作为一种自我夸耀的工作。我的效果只要在病人看来，是某种言之有理、且能够再次点燃他生命活力的方法，那么我便觉得非常满意了。我能够为梦的分析做个断定：梦的分析的确已经产生效力了。关于我对科学的喜好问题，只好来日再进行谈论了。

初期的梦，也就是病人在治疗最初阶段，跟我讲述的梦，内容往往都是五花八门的。大多数情况下，梦者的过去都能由这些梦直接说出来，并且还能帮助梦者回忆起现有人格已经遗忘或是失去的事件。

恰恰是这些遗失现象导致他走向一端，而这种极端最终引发了他的中辍状态，紧接着失去了方向。运用心理学的术语来说，走极端并不会造成突然丧失力比多。一切往日的活动变得没有乐趣甚至是毫无意义，一切所要追寻的目标立刻失去了价值。对于一个人来说，可能只是造成了情绪上一些微小的影响，但是对于另外的一个人来说，很有可能就是非常恐怖的东西。在这种情境下，我们往往会发现，这个病人人格发展的期望通常是在以前的某一点，但是没有人，甚至包括他自身都没有发觉。但是这些线索，却能够通过梦找出来。另外，也有非常多的情境,梦暗示的是眼前的事情,比如说婚姻或者是社会地位，大多数情况下，问题和冲突的渊源便在于此。

当然这些可能的情形都包括在理性所能阐释的范围以内，所以从事初期梦的解释工作比较容易。梦本身有时候会显得没有丝毫意义，这才是真正的难点所在，尤其是显示对于未来事情的暗示时。我并不是说这些梦肯定是具有预言性的东西；我是说，它们具有某种预期性和可分辨性。它们暗示的正是对于某一可能性的解释，外行人对于这点是不会明白的。甚至我自己有时候也不能领悟，遇到这种情况时，我就会对病人说，“我不相信，但是请继续说下去吧！”就像我所说的那样，关于这些梦的独一价值具有的刺激性效果的原因，我们还一无所知。那些含有神话意象的千奇百怪、让人一头雾水的梦里面，这一类的情形往往更容易出现。诸如这种梦，通常都会含有一点“无意识的形而上学”；那都是一些心灵活动，它们或许蕴含有意识思想胚芽，但还不能够清晰地辨别。

一个我所谓的“一般性的”患者，做了一个很长的初期梦，许多内容都跟他姐姐的一个生病的孩子有关。在梦里面，这个孩子是一个两岁的小女孩。在不久之前，他姐姐的一个孩子确实因病去世了，是个小男孩，此外，并没有其他的孩子生着病。对于他梦里面这个生病孩子的意象，我一直迷惑不解，很显然，这个梦和事实并不相符。在梦里面，找不到和他姐姐之间有任何直接密切的联系，所以，倒不如说这个梦和他本人更有关。他后来忽然记起来，在两年前，他曾研究过神秘学，由此踏上了心理学研究的大道。显然，这个小孩象征的正是他对心理学研究兴趣的所在，关于这一点，我自己亦是始料未及。从理论的角度来看，在梦里出现的这个意象，它能够暗示所有的事物，但是同样也什么都不暗示。通过这一点来推断，难道说一件事物或者是一个事实本身，只能够暗示它自己吗？我们非常明确地知道，能够替这件事情赋予意义的，只有我们人类才有方法做到。心理学极为关注的问题，正在于此。一个稀奇有意思的观点通过这个梦，传达给了梦者，即神秘学的研究其实是病态的事情。这种想法果真验证了。虽然说我们不一定知道如何才能让其生效，但是这种解释产生了一定的效果，这点才是最为重要的。对于梦者来说，这种想法具有批判性，态度经过这种批判，就会产生某种改观。让人难以置信的是，正是依靠着如此微小的改变，事情产生了转机，死结也最终被解开了。

我打一个比方来为这个案例做一个评论。这个梦暗示着，梦者进行神秘学研究的行为是病态的。我们把这种感觉叫作“无意识的形而上学”，这一想法通过梦者做的这个梦，才得以出现。但是我需要更深层次说明的是，我不仅仅让病人清楚明白他和梦的关系，另外同样的工作我自己也做了。他从我的猜想和看法中收获了好处。假如借此机会，所谓的“暗示”之门被我打开的话，我并不觉得有什么惋惜；大多数人都明白，对于那些已经觉得不对劲的暗示，我们才总是怀有一种质疑的态度。正如人们在猜谜时，即使离谱也是无足轻重的。就像有机体会排斥外体，心灵一定也会尽量排斥错误的。我没有必要去证明我的解析梦的方法是不是正确，就算有心去做也是没有办法做到的，我一直尝试表明，只要能够帮助病人找到那些能够激起他生命里朝气蓬勃的力量，才是真正有用且实际的东西。

对我来说很重要的，就是努力学习原始心理学、神秘学、考古学以及比较宗教学，原因在于，在这些学科中，我能够获得更加丰富的关于病人联想中的推理方式。将这些学科结合在一起加以探讨研究，我们往往就能从中找寻到很多看起来没什么关系的意义，就可以提高很多解释梦的效果。所以，进入这样的经验领域对于那些人生路上已小有成就，但觉得无意义或是不满意的人来说，是有着激励效果的。这样一来，一些原本寻常和顺理成章的事情会得到很大改观，而且，甚至可能会展现出一层新的光彩来。原因在于，重要的并不是事物本身，而是它在我们眼中的模样。对生命来说，更有价值的不是那些毫无意义的大东西，而是那些微小而有意义的存在。

这种做法具有一定的危险性，我并没有低估它。这种工作就像在空中建造楼宇。的确，我们甚至可以说——就像常常会发生的现象——这种方法就是医生和病人都沉迷在幻想中。它自身存在着一定的道理，所以我觉得它是可行的。运用自己的幻想，是我鼓励病人应该去做的。实话实说，我对幻想的评价非常高。从我个人的角度来看，所谓的男性精神力量的创造性所在，正是幻想。我不愿意对幻想持反对态度。当然也有很多没有一丝意义、非正常的、病态的、让人感到讨厌的幻想，它们的乏味性但凡有点普通常识的人都会觉察到；但是只凭这一点就去反对那些富有的创造性的幻想，显然是不对的。创造性的幻想是人类所有工作的源泉。既是这样，我们就没有资格和权利去诽谤和降低其价值的。大多数理论都认为，幻想并不是空洞而脱离实际的东西；它是具有深度的东西，和人类以及动物的本能有着密不可分的关系。它通常会用怪异的方式进行自我修正。人们挣脱了常规的束缚，精神能动性得到了解放，都是凭借想象力的创造性做到的。就像席勒所说的那样，一个真正完整的人，应该是一个有动力的人。

我追求的目标，是一种能够让病人体会到他本性的心理状态，这种状态具有流动性、改变性以及成长性，即使受到外界的限制，也不会觉得毫无对策。在这里，只能简单介绍一下我技术大体上的原则。我在进行梦或者幻想的处理工作时，以不超过对病人而言有意义的范围为准则，是我一直以来遵循的原则；在每一个病例中，我都努力让病人明白其意义，目的是让他本人也可以明确地知道其主观上的联系在哪里。这点是非常关键的，原因在于，当一个人遇到一件极寻常的事情时，假如他立刻就把它看作是特殊事件的话，那他的态度显然是不对的，他过于主观了，最终会导致他逐渐和社会脱节。我们除了要有主观意识，还要有超越主观的意识，让我们融合于历史的延续。无论这听起来有多么牵强，但经验表明，很多的神经症，其病因就在于，对理性启蒙运动稚嫩的热情将其心目中的宗教观驱逐了。今天的心理学家应认识到，我们已经不用再去处理那些教条和仪规。我们精神生活中不能缺少的元素之一就是对宗教的态度，其重要性不应该被抹掉。凭借着这种宗教态度，才能够达成所谓的历史的延续感。

每次谈论到方法问题的时候，我总是忍不住自问，我从弗洛伊德那里得到了多少益处？自由联想法便是我从他那里学到的，对这一方法我做了进一步的改进，于是形成了我自己的方法。

站在心理学的角度来看，虽然说在我的帮助下，病人知道了其梦的有效要素，关于梦意象的内涵，我也尽全力给他做了阐释，但是他孩子气的状态，仍旧没有脱离。这时，他依靠于自己的梦，不停自问，是否能从今后的梦中找到新的线索。同时他也十分依赖我的协助，通过我的见解去增加他的洞察力。所以，他的境况依然没有任何进展，问题还是非常多且繁琐复杂，仍处在一种消极的状况中；医生和病人的结局同样也不知道会变成什么样子。诸如此类情况，我们也无法期盼会产生什么明显的效果，因为一切都仍然无法确定。而且，我们很有可能朝为夕毁，到最后仍是竹篮打水一场空，仍是毫无头绪的杂乱局面。经常会有病人跟我说一个色彩斑斓或奇异怪诞的梦，并且说，“你要能明白，假如我是一个画家，我一定会把梦里面的场景描画出来。”梦或许真的就是有关相片、图画以及油画，或者是有着手稿、影片等的痕迹。

上面这些提示我已经进行了现实的处理，而且我也经常让病人画出他在梦里面或幻象里面看见的东西。我这样做的时候，得到的答复往往是：“我又不是画家。”遇到这种情况，我采取的应对方法就是跟他们说，完全自由是现代画讲究的地方，我们都不是现代画家，并且，问题并不在于好不好看，我只是让他画出来梦中的情景罢了。所谓的绘画根本和所谓的艺术不搭边，最近，我曾让一个天才肖像画家将她的梦画出来，结果，她竟然完全不知道该如何下笔，就像从未拿过画笔似的。很显然，画那些我们肉眼能够看见的东西和画那些我们在心里看见的东西，完全是两码事。

就是这样的原因，我的病人里面，几个年级较大的，真的就实际作起画来了。大家肯定会把这件事情看作是没有用处的工作，我充分了解这一点。然而，我们应该谨记的是，现在需要探讨的重点，是帮助那些已经没有办法找到对社会的奉献，也没有办法从人生中寻找到乐趣的人，再一次燃起对生命的活力，而不是要他们证明什么所谓的社会价值。投身于生命的战斗行列，可能只对那些没有感受过其滋味的年轻人有意义，然而对那些已经深深尝试过这种滋味的人来说，就没什么意义了。有些处理方法一成不变的“教育家”，或许就忽视了个人生活的复杂多变。然而，每一个人都会被迫替自己找出生命的意义来，只是或早或晚而已。

虽说我的病人常能站在美学观点来看待那些可被放在现代“艺术”展览会中的艺术作品，但按照正规的艺术作品标准来看，这些作品于我看来却是不上档次的，甚至是连这种头衔都不能给他们，因为，我的病人如果受到过度的吹捧，或许就会自我陶醉，幻想自己成了一个艺术家，这对我原本的计划，破坏力极强。这并不是属于艺术的问题，这是某一种比艺术更加具有价值的东西：也就是对于病人来说，有着更加切身影响的问题。站在社会的这个角度来看，如此一来，无论有多么狂野或者稚嫩，病人都会拼尽全力，努力将那些非常不容易表达出来的观念，更加具体化的表现出来。

在发展的某一个阶段里面，我为什么要勉励病人通过画画来表现自己呢？这个目的和我处理梦的目的其实是相同的：我想要创造出一种效果出来。我在前面曾经提到过，病人在那种孩子气的状况里面，仍处于一种被动消极的状态；不过他现在已经主动地活跃起来了。

首先，他通过画面，将自己所幻想的观念表达了出来；之后，他又将他个人的主观构建加了上去。他不仅仅对它们进行谈论，而且也正在实现自己的幻想——从心理学的观点来看，一个病人在一个星期内，与医生进行了两次交谈（这个效果是值得质疑的）；这和一次在接连好几个小时内才能真正地拿起画笔，拼命画画并最终创作出一张表面看起来毫无意义的画相比，是完全不一样的 。他的幻想假如真的没有一丝意义，要让他将其画出来，肯定是一件非常难受的事情，今后想要他让再去做这件事，恐怕也不可能了。但是，对他来说，他的幻想终究是有价值存在的，拿着笔作画时认真工作的态度更增加了效用。再者进行意象具体化的尝试也的确能够帮助我们打开很多研究的通道，如此一来，所产生的效果就非常惊艳了。绘画法赋予了幻想某种现实的因素，从而也赋予其更加强大的影响力。而事实上，这些粗劣的画作，确实能够产生很多的效果，当然我得承认，这些效果我们很难明确描述。

不过，病人一旦有几次经过画画而让自身的痛苦有所缓解的经验之后，只要他再次觉得心情不好，自然就会再次利用这种解脱法。如此一来，我们便能够收获到非常多的东西，自此，他会变得刚强自立，逐步迈向心理成熟的阶段。到了这里，我自觉可以下一个肯定的结论，运用创作法，病人就可以再次坚强起来。无论是病人自己的梦，还是医生的学识，他都没有必要继续去依赖了，他内心的经验和感受，已经开始用绘画法来表达了。原因在于，他真正有创造力的幻想都在他的画中变现出来了，生命的朝气也就因此回归了。生命的朝气应该就是他的本性，而并非那个被他误为自我的自我意识（ego）；生命的朝气是他的新自我，因为他的自我现在已经被激励起来了，这主要受益于他内在的生命力。他努力通过画笔把隐藏于他内心深处的活力，表现在纸上,因为他发觉,这正是他从未目睹耳闻的精神生活的潜在本性。

想要逐一描述病人从这些新发现中获得益处的价值以及相应的人格的改变,我或许没有办法做到。自我意识就好比是地球,恍然间发觉,行星系的中心原来是太阳（有控制力的自我），同时地球轨道的中心也是太阳。

对于这些道理，我们难道不是早就知道了吗？我敢肯定，其实很早之前，我们就非常明了。但是我的大脑或许很明白，另外一个我却并不清楚。如此一来，我便表现得仿佛毫不知情一样。某些大道理，我大部分的病人都清楚明白,但是他们却偏偏不愿意去过那样的生活。原因是什么呢？因为对于意识的重要性，我们都过度重视了，所以就将生活的中心视作是“自我意识”了。

一个年轻人，如果说没有社会适应力，也没有任何成就，那么努力发挥他的自我意识，才是他最应当去做的，换句话来说，最好的策略就是培养他的意志。他应该相信，在他的体内，不存在其他与意志不相干的东西，除非他是天才。如果他自信于自己意志力强大，那么就可以把自己其他的杂念清除掉、将其重要性降低，或者用意志控制它们，原因在于，假如他缺乏这种想法，将没有办法去适应社会。

对于那些已经到了人生后段年纪的人，我们就没有必要再培养他们的自我意识和意志力了，对于个人生活意义已经领悟的人，应该学习去了解自己的内在本质。虽然并非不需要，但是名利和地位对于他们来说，已不是最渴望的了。他们已然很清楚，自己的创造力对于社会的价值已经不重要了，所以他们便开始利用自己的创造力，去开拓前途，为自己求福利。这同样也能帮助他们逐渐挣脱对他人的病态性依赖，这样一来，他们便会逐渐树立自信。而这些成绩也更能帮助病人在社会生活中不断前进。原因在于，一个自信且心理健全的人同一个没有办法和自身无意识妥协、和睦相处的人相比，前者在社会中更加容易立足。

避免过于重视理论叙述，是我行文的风格，所以，很多地方难免会显得生涩，让人不容易理解。但是要想了解一个病人完成的画作，自然无法避免某些理论上的叙述。显然，无论是线条还是色彩，都会有原始符号的象征意味，这就是这些图画的共同特点。色彩透过浓度的体现来表现力度，浓厚的传统蕴藏在其中。凭借这些特色，我们很容易就能了解这些图画所表现的创造性的力量。从它们所带有的那种人类进化中的非理性、象征性以及古老性等特征中，很明显就能发觉出它们同考古学、比较宗教学之间的相似性。所以，我们能够大胆猜想，这些画的来源就是精神生活领域所谓的集体无意识所产生的地方。

我指的是，人类共有的一种无意识的心理活动，不仅是这些画的本源，也是与此相似的过去一切作品的渊源。这些画来自——也满足了——一种本性的需要。我们通过这些画，我们可以找到那些贯通古今的心理，也由此，降低了今日意识不良的影响力。

当然，我仍要指出一点，绘画并不是病人全部的工作，他应该从理智和情感这两个方面去了解它们；这些作品应该是处于意识控制下的、能够理解的、符合伦理道德原则。我们需要做一番解析的工作。不过，虽然我也经常利用个别病人用此方法做些实验，但至今为止，我仍没有把解析的工作做得通透彻底，而且我的成果也仍无法公之于众，原因在于，它们仍旧还是零零散散的。

实际上，我们现在正在进入一个全新的层面，我们首先需要的，是经验的成熟。由于很多重要的理由，我想避免妄下断语。我们目前所研究的，是意识以外的心理生活，而我们所有观察叙述的方法并不是直接的。目前我们仍无法猜测将会到达怎样的深度。正如我所说的，这好像是某一种集中的过程，原因在于，有很多的画作对于病人来说，具有非常大的价值。那些画给他们带来了新的平衡，而且好像也让他们逐渐迈向了正常化的轨迹上。这一过程的目的是什么或许起初还不是特别明显。首先我们只能先谈论一下其对于意识人格所造成的重要影响。病人因为这种影响所引起的变化，提高了生命欲望，生命的河流也回归了正常，我们可以凭借这一点肯定，其中必然存在着一个很特别的目的。我们或许可以把它看成一种新的幻象，然而幻象究竟是什么呢？我们又是凭借着什么把某一个事物称作是幻象的呢？心理中究竟是否存在所谓的幻象呢？也许就心理来说，这种我们所谓的幻象就是生命的基本构成要素之一，正如氧对于有机体非常重要一般，这种心理事实，占有非常大的分量。如果我们无法根据现成的分类法对心理加以分类的话，那么，我们最好能够下这样的结论："一切能够产生作用的东西均是真实的。"

我们要想对心理进行探讨,那么就不应该把它和意识混淆在一起，否则，我们就会前功尽弃。反之，我们要想认识心理是什么事物，必须要明了分辨心理和意识的方法。也许对于心理来说，我们叫作幻象的东西，其实是最为真实的东西：心理真实和意识真实千万不能够混淆在一起。对于一个心理学家来说，一位称可怜的异教徒所信仰的神是幻象的牧师，是这个世界上最愚蠢的人。但非常不幸的是，同样武断的错误，我们也犯过，就好像我们所谓的真实不包含所谓的幻象成分一样。在心理生活中，就好比我们生活中的其他经验，只要是真实且能够产生作用的,就是真实的,我们最重要的工作是了解它的真实性，无论人们想要给它冠上一个什么样的称呼，名称并非十分重要。拿心理来说，即便精神被叫作是性欲，但它仍旧还是精神。

我必须重申一点，大家过去所使用的术语以及玩过的把戏根本从未涉及上述所说作用的本质问题。和人生一样，它不是那种只凭借着意识的理性观念，便能够清楚明白的东西。这个真理的力量，我的病人都已经切实感受到了，所以他们才会努力寻找象征的手法，从而将内心表现出来。他们对象征物进行描绘和解析时，感受到了某一种比理性解说法更有效、更适应自己需要的东西。

第四章

心理学的类型理论

寻求灵魂的现代人

Modern Man In Search Of A Soul

性格是人类固定的个别形式。既然说存在着所谓的身体和行为或心理形式的区别，那么性格学就应该向我们解释说明，对于身体和心理的特色，应该怎么样去分别了解。通过一个鲜活的人所具有的多面性，人们便下结论说，身体的特征并非只是指身体，心理的特征同样也不只是心理。自然原本具有连续性，并不知道人类为了能够增强理解，而发明了对偶区分法。

心理和身体的区分采用的是一项不自然的二分法，与其说这是一种以事物本性为根据的分法，倒不如说是一种以智力领悟特点为根据的识别法更为贴切。实际上，由于身体和心理的特征极为盘根错节，我们不仅可以凭借着身体的构造，推断出心理的构造，另外还能根据心理的特征，推断出身体的特征。两者相比，后者的推断程序会更难一些；倒不是说身体对心理的影响力比心理对它的影响力更大，而是在于其他的原因。将心理看作是研究的出发点，就相当于是从无知走向已知；反之，假如调换一下，我们就可以运用所知道的有形身体，将其作为出发点。

对我们来说，今天的心理学不管已经有了多少成就，同有形的身体相比，它明显要更加晦涩难懂。心理仍旧是一个非常陌生的领域，我知道的也非常有限，而且也没有对其进行过探险，心理受到意识功能的限制非常大，而最容易受到欺骗的部分，恰恰又是意识功能。

既然这样，我们所要采取的方法，最好还是由外向内、由已知走向未知、由身体走向心理。所以，由外而内向来都是所有性格学探索所采用的方法；古代的占星学探索那些决定人类命运的线索时，其根据往往就是星空。手相术、加尔[①]的颅相学、拉瓦特尔[②]的观相术、最为近代的笔迹学、克雷奇默[③]通过生理学研究性格形态以及罗夏赫的墨迹测验法等，都是采用由外而内的方法。根据我们的了解，除此之外，还有很多由外而内、由身体到心理的道路行得通，所以在我们对心理还没有达到确定的了解之前，应该把这个看作是研究所应遵循方向的

① 弗朗茨·约瑟夫·加尔（Franz Joseph Gall,1758–1828），德国人，解剖学家，创立了颅相学。他将一生的精力都花在研究肉体和灵魂的关系上。当时的欧洲，因为通过人的外体形象去判断性格或脾气的风气特别流行，后来他便慢慢发展出了一套颅相学。

② 约翰·卡斯帕·拉瓦特尔（Johann Kaspar Lavater,1741–1801），瑞士人，生于苏黎世城，诗人、神学家、神秘学家以及观相学家。《论利用相面术对人的认识和人类之爱》是他在观相术方面的著作，在法、英、德这三个国家，该书非常受欢迎。诗人歌德还专门写了一篇文章用以赞美他。

③ 恩斯特·克雷奇默（Ernst Kretschmer,1888–1964），德国人，精神病学家和心理学家。他的父亲是一个深奥的思想家，性格较为严厉，但是他的母亲却是一个敏感细腻、幽默并且具有艺术天分、很活跃的人，二者在个性上存在着巨大的差异，这也成了他的名著《体格和性格》一书问世的潜在因素。

出发点。我们一旦达到了某种程度的了解，就可以改变方向了。我们可能会有所疑惑：一个特定的心理状况究竟和身体特征有哪些相关的地方呢？可惜的是，直到现在，我们仍然没有进步到能够对这个问题进行粗略回答的阶段。首先，心理生活的真相我们必须要了解清楚，这是直到现在还没有实现的目标。事实上，有关心理的组成部分，我们才刚刚开始整理，而且并不见得总是成功的！

仅仅根据知道某人有这种或那种现象，是无法推断出它和心理的相关性的。只有在我们能够凭借着一个特定的身体构造，从而推知出相对应的心理特征时，才能算得上是稍微有了些成绩。对我们来说，没有心理的身体和没有身体的心理都同样没用。在我们想根据身体的特征，对心理的相关性进行推断时，我们便像上面所说的那样，开始从已知走向未知了。

但有一点值得强调，一切科学中最年轻的和最具有先入之见的，便是心理学。通过直到近来才发现心理学的这一情况来看，很显然，我们必须要花费非常多的时间，才能把我们自己和我们的心理区分清楚。除非实现这一工作，否则，想要客观地研究心理是不可能的。

心理学属于自然科学，也的确是我们最新的研究成果；直到目前，它仍旧和中古时代的自然科学一样，极度武断且充满奇想。所以有人认为，心理学能够凭借着经验材料来进行总结，就像是存在着注定的形式——这就是目前我们仍存在着的错误见解。可是，离我们最近的原本就是精神生活，按理说我们应该对其认识得最为通透才对。它离我们的距离，已经达到了让我们感到讨厌的地步。我们对于这些稀疏平常的东西感到非常惊奇；实际上是因为我们不想让它靠得如此之近，所以尽力避免去想到它。

因此，由于心理本身和我们特别相近，加上我们自己本身就是心理，所以我们几乎强迫自己去假设已对其了解得十分彻底了。这就是为什么我们对心理学所持的观点都不一样，而且坚信自己比别人了解得更多的原因。因为精神科医生要整天和自认为什么都懂的病人的家人和监护人斗智斗勇，或许很多人都自认为是心理学权威的这一事实，就是医生先发现的。不过，这些精神科医生本人同样也会犯自以为是的“万能先生”的错误。其中有个人甚至这样说：“在这个城市正常人只有两个——另一个是 B 教授。”

今天心理学的境况既然如此，那么我们就没有办法否认，我们了解得最少的，往往是最靠近我们的。此外我们还要承认，我们了解自己的部分或许还不如别人了解我们的部分多。在某种程度上，将此看作是出发点，研究这个学问最有用的原则莫过于此了。就像我上面说的，我们之所以发现心理学如此之晚，就是因为它最为靠近我们。由于它仍然是一门初级的科学，所以缺少能帮助我们去了解它真相的概念或定义。但是概念我们缺乏吗？实际上并不缺少；相反的是，我们不仅仅被概念围绕着，还几乎被它们淹没了。这点和一般其他科学事实完全不同，因为它们总是首先被发现的。一般情况下，它们都是将第一手资料分类，然后将很多对于自然现象的描述性理论导出来，比如说，化学中就对很多元素进行分组，生物学中的分类也是这个样子。但是心理的情况则不是这样的。我们仍旧要受到主管经验的牵制，这主要是由于我们的体验和描述性的观点所导致的，所以，在非常多的印象中出现了一个包含广阔的概念，有可能仅仅只是一个现象罢了。原因在于，我们自己本身就是心理，所以想要无拘无束地控制心理活动，且不让它陷入泥潭中，这几乎是不可能的，如此一来，识别力和比较力就都被掠夺了。

这是其中的一个难题。另外一个难题是，当我们离明确的现象越来越远，深入处理那些漫无边际的心理时，我们就愈发没有办法进行精准的测量。实际上想要将事实的真相把握住，已经是一件非常艰难的工作。举个例子来说，假如我要强调某个事物的不真实性，我便会指出，我只是想想罢了。我说道："在某件事情还没有发生之时，我从来没有如此想过，而且这样的思路也是不存在的。"诸如此类的话稀疏平常，这就表明，想要测量心理事实是非常困难的，或者从主观这一方面来看，是非常让人难以理解的，但是，它原本和历史事件是一样的，客观而实在。事实是我的确有这种想法，不管存在任何条件或限制。但是，为了达到这种显而易见的自白，有很多人费了好大力气，甚至有时候还要同道德激烈搏斗一番。以上所述，就是我们在研究心理真相时，通过外在的表现方法，可能遇到的一些难题。

我目前缩小工作范围，不去做外在特征的临床判断，而是把能从其中得到的心理资料，加以研究、调查和分类，给心理做一个描述性的研究就是这项工作开始的成就，凭借着这一项成果，我们就能够导出有关其结构的理论。运用这些理论不断积累经验，最终，我们就能发展出一套不同心理类型的观念了。

依据症状的描述进行临床研究，再进一步发展到对心理的描述性研究；这一过程和纯粹从症状病理学迈向细胞和新陈代谢的病理学相比，二者非常相像。换句话来说，我们已经通过那些描述性的心理研究法，发现了那些导致临床病征的心理过程。众所周知，这种知识是利用分析法所得到的成果。我们现今对于那些产生心理症状的心理过程已经有了大致上的认识，原因在于，描述性的心理研究法已经取得了一定的进步，使得我们能够诊断一些复杂的情结。无论会有什么无法预期的事情在心灵深处发生——有很多和这个问题有关的看法——有一件事情是明确且肯定的：最重要的是，所谓的情结（也就是会受到情绪影响的内容,本身具有相当的自我主动性)在这里所扮演的角色，地位非常关键。

有很多人反对“自主情结”（autonomous complex）这个词，但是在我看来，这些反对的意见是不能够成立的。除了用“自主”来描述活跃的无意识内容的行为方式外，我已经无力找到更加适当的形容词了。这个形容词是用来阐释，情结具有抵抗意识的企图，它将更加为所欲为地出没。就像我们所知道的，情结是意识所无力控制的一种心理内涵。情结同意识是分割开来的，它们在无意识中单独存在着，对于意识层面，它们具有一种企图，那就是无时无刻都准备对其进行抵抗或者强化。

通过我们对情结的进一步研究，自然就谈论到了其来源的问题，目前关于这个问题，也存在着很多种观点。抛开理论不谈，我们通过经验可以得知，有某种冲突存在于情结之中，可能是冲突的原因，也有可能是冲突的结果。总而言之，受惊、骚乱、心理痛苦以及内在挣扎这些冲突的特征，均是情结独有的特征，法语称其为“黑色的禽兽”（b ê tes noires），我们则称为“柜子里的骷髅”（skeletons in the cupboard）。那些都是我们想记住，又不想被他人提及，但是常常出现的东西。对于我们的意识生活，它们怀有一种意图，那就是不断地干涉和扰乱，将很多的坏处带给我们。

从广义的角度来说，情结显然代表着一种自卑感，对于这一个说法，我必须要立即澄清：也就是，情结的存在，并不一定表示的就是自卑感。其含义所指明的，是存在着某种很难应付、不容易解决且发生冲突的东西——或许是一种障碍，但它同时也是种刺激物，能够激励人不断向上；换句话来说，可能会引导出新的成功的东西。所以，情结可以说就是我们精神生活中想要进行处理的焦点或者关键点。事实上，那是必不可少的东西，否则心理活动就会达到一个非常可怕的静止。不过，情结所指的是每个人没有办法解决的难题、曾经遭遇的磨难，至少从眼前看来，可能就是他没有办法避开或战胜的东西，也就是平时我们所说的软肋所在。

通过这些特征来看，关于情结的起源就很明晰了。显然，它是来源于一种适应的要求和个人能力没有办法应付之间的冲突。就这点来讨论，情结是一种病状，它可以协助我们诊断个人的气质。

我们通过经验可知，情结繁复多变，但是经过详细对比，就能揭示出少部分典型的基本形式，那些孩童时代的最初经验就是其全部的来源。这是自然而然的事情，原因在于，个人的气质是生来就有的，不是后天产生的，在孩童时代就已经成形了。所以，双亲情结也只不过是一种冲突表现，是个人的能力没有办法和社会现实的要求相适应的表现。双亲情结是情结最初可能出现的形式，因为双亲是孩童发生冲突的第一个现实。

所以，在我们对个人特殊气质进行了解方面，双亲情结的存在没有办法给予我们太多的帮助。通过实际的经验可知，双亲情结的存在并不是事情的难点所在，其在个人生活中逐渐发生作用的特殊方法，才是难点所在。关于这个问题，我们已经发现了不少惊人之处，但可归于双亲影响的部分，只占到少数。有几个孩童均受到了诸如这样的影响，但是反应却因人而异。

我特别关注到这些反应的不同，因为我觉得，就是这些东西构成了每个人都有可被辨别的特殊气质。共同生活在一个患有神经症的家庭中，为什么第一个孩子患上了歇斯底里神经症，第二个孩子患上了强迫神经症，第三个孩子患上了精神分裂，第四个孩子却是正常的呢？弗洛伊德也遇到过这种“因人而异的神经症”，它让所谓的双亲情结失去了其全部的病因含义，并且也自然地将疑点转移到了被影响的个人及其特殊气质上面去了。

弗洛伊德对于这个问题的解答，我个人很不满意，然而我也没有更好的答案。事实上，我反而认为，“因人而异的神经症”这个问题，目前还不是提出来的时候。在准备谈论这个难题之前，对于个人的反应，我们应该想办法多去了解。问题在于：一个人对一个阻碍的反应究竟是什么呢？比如说，我们到了一个河边，河上没有桥，河面很宽，很难跨过去。想要过去，我们必须用力跳才行。我们为了达到这个目的，有一个特别复杂的所谓的效果系统，也就是心理动力系统。我们已经准备得极为妥帖，只要将其稍微地启动就可以了。但是在启动之前，会有一种单纯的属于心理性质的现象产生，也就是我们准备要怎么去做。紧接着就是行动办法，而用来解决问题的方法是因人而异的。但最为关键的是，我们很少会把它看作是和人格有关联的事件，因为，我们往往都没有办法看清自己，顶多也是到了最后才能将自己看清。换句话来说，我们有心理动力工具，受自己的支配，同样也有心理素材，供自己用于做决定，它的作用大多数也都是根据习惯，所以往往都是无意识的。

大家关于心理素材的组成，也是各执一词。但是，对于每一个人都有着自己做决定以及应付难题的办法这一观点，大家都是赞成的。第一个人会说，他单纯是因为乐趣，才会跳过那条小河；第二个人会说，除了跳过那条小河之外，他没有别的选择；第三个人会说，他碰到的每一个困难，都会鼓励他不断去战胜；第四个人会说，他因为不喜欢做徒劳无益的尝试，所以才选择不去跳过那条河；第五个人会说，他认为并没有必要到达河的对岸，这就是他不跳的原因。

我特意提到这个通俗的例子，目的就是为了要表明，这些动机看起来是毫无关联的。实际上，这些理由并不紧要，最好不必去理会，而是应用我们的解释法。上面说到的那些不同的方式，就是我们能够更加彻底地认识每个人心理适应系统的依据所在。如果我们试图去研究那个动机基于快感的人，那么就肯定会发现，在大多数情况下，就是因为一些东西能够带给他很多的快感，所以他才会去做这些事情。我们将会发现，那个束手无策的人一定是一个生活谨小慎微，而经常被迫做这做那的人。通过这几个状况，我们就会发现，每个人都存在着特殊的心理系统，无论何时何地做决定，这个系统都可以立刻派上用场。我们可以想象，这些态度的数量肯定是非常多的。其中特殊形式的数量就如同水晶体一样，虽然样式繁复多样，但仍然可以归为某类。既然水晶体都可以划分为几种共同的基本样式，那么每个人的态度，肯定也有着某一些基本的特征，我们根据这些，同样也可以把每个人的态度进行类别的划分。

有史以来，人们为了将复杂的事物简单化，就尝试着把人划分为不同类型。所谓的四元素（the four elements）就是最古老的一种，它的提出者是东方的星相学者，分别为风、水、土、火。按照自身出现在星相图中的位置，风宫组由黄道十二宫中属“风”的三宫组成，也就是宝瓶宫（Aquarius）、双子宫（Gemini）和天秤宫（Libra）；白羊宫（Aries）、狮子宫（Leo）和人马宫（Sagittarius）构成了火宫组。凭借着这个古老的看法，只要是出生在这些宫内的人，肯定就具有风性或是火性的特点，并且同样的气质和命运也将会显露出来。古代心理类型理论的鼻祖就是这个古老的宇宙图表，并且这四种气质正好和人体中的四种体液相吻合。最先应用黄道十二宫所代表的那些东西，后来由希腊人在医学中依据生理学的术语将它们分成了四种类型，分别是：粘液型（phlegmatic）、多血型（sanguine）、胆汁型（choleric）和抑郁型（melancholic）。只不过这些仅仅用于表示人身体内部假设的体液的称呼罢了。众所周知，这种分类法持续的时间长达十七个世纪。令人感到非常吃惊的是，直到现在，星相学上的类型理论依然存在，甚至还变成了一种新的潮流。

通过对历史的追溯，让我们对一件事情很放心，那就是我们如今要创建类型理论的奋斗并不是创新或前所未有的——科学的意识不准许我们将它那些处理问题的古老、本能式的方法拿出来再次亮相，但为这个问题找到一个自己的答案，一个与科学要求相吻合的答案，是我们应该要去做的。

在这里关于类型问题，我们碰到了标准或者准则的问题，这也是最大的难题。星相学的准则很简单，他所凭借的是星座。至于人的个性元素，可归类到黄道十二宫和行星的提法，是一个能够追溯到非常古老的史前史，直到现在都是一个无法得出答案的悬案。依据生理气质的四分法，希腊人拟定了自己的标准，全部都是以个人的外表和行为为主，其情况同如今的现代生理学类型是一样的。但是一项心理学的类型理论准则究竟在哪里才能找到呢？

我们暂且还是回到之前说过的那个例子吧，就是跨越小河。我们怎样或者说凭借着哪种观点，才能归类他们的习惯动机呢？一个是因为快感，另一个是不这样做就会更麻烦，第三个没有这样做源于他有其他的想法，等等。这种可能性的清单仿佛永远也开不完，又好像一点用处都没有。

别人在处理这个工作时，会如何去做，我不得而知。我只能跟你说，对于这个问题，我是如何研究的，对于他人的指责，指出我解决问题的办法单纯是基于个人的偏见，我也做好了准备。事实上，这个质疑存在着一定的道理，就连我自己都不知道应该如何去招架。我或许可以举出一个说明的例子，那就是哥伦布：他依靠着自己不正确的主观设想，选择了一条新航线，那是现代人绝对不会选取的，但是美洲正是这样被发现的。无论我们看到了什么，或者是如何去看，我们都要通过自己的眼睛才行。所以，一门科学是汇集了众多人的力量的成果，而非一个人单独创造出来的。作为个人，只能够提供奉献，从这个意义上来看，我才勇敢地说出了个人的观点。

因为职业关系，我通常不得不对很多人的癖好特别留意。有鉴于此，我就需要订立一套规矩，正如同多年来我治疗无数对夫妻时一样，每当我想让他们两个人互相求得谅解的时候，更需要这样做。比如说，有无数次我都不得不去说："嗨，尊夫人性格活泼外向，而你却希望她每天待在家里，只忙些家务，这可行不通。"类型理论的开始便是如此，根据统计，我得出了一项真理：有被动的消极者，就有主动的积极者。但对于这种老生常谈的论调我并不满意。原因在于，我发觉，有的人性喜沉思，但是另一些人却并不这样，凭借着我观察的结果，那些表面看起来被动消极的人，事实上并非真的那么被动，只不过他们更倾向于提前规划罢了。他们是先思考后行动的人，因为这样的一个习惯，一些需要立刻采取行动的机遇，他们便错失了，也因此，他们就成了所谓的被动消极者。我觉得，那些做事情之前，不经过考虑，就立刻采取行动的人，往往都是没有深谋远虑的人，他们早就已经深陷入泥潭之中且追悔莫及，也因此，他们被称为没有深谋远虑的人，这种说法比"积极"（active）更为合适。

三思而后行在某些特殊的场合中是一种极其重要的行事原则，这和在某一些场合里，需要毫不思索、一往无前，二者的道理是相同的。但我发现，犹疑不前的前者并不一定就是深谋远虑的人，而轻易行动的后者也并不一定就是缺乏远大见识的人。自身习惯性的怯懦往往就是前者犹豫的原因，或者最起码是因为他们预感到要承担较为重大的责任，所以变得畏缩不前；相反的，行动积极者往往都是因为，对于一件事情，他有着非常大的自信心。凭借着这个观察，我对这种差异下了这样的结论：当面对着一件事情时，有些人的反应总像是说了一句没有声音的“不”字，总要稍微犹豫一下，必须等想出了方法才行动；面对着相同的情况，另外的人则会立刻做出行动，对于自己行为的正确性，他们表现出了一种非常大的自信。所以，前者与事件是否定性的关系，而后者与事件是肯定性的关系。

我们都知道，前者与所谓的内倾性格者是相符合的，而后者和所谓的外倾性格者是相称的。但是这两个概念都过于空洞。只有在我们发现所有这种类型的特征后，这些差异类型才能显示出自身的意义和价值。

在每个方面都表现出绝对的外倾或者是内倾的人，是不存在的。所谓的“内倾”的含义是指，所有发生在一个内倾者身上的心理现象都是内倾型的。一样的道理，当我们说一个人外倾时，就像我们说他身高六英尺，或说他头发的颜色是棕色的等——将其表面的意义抛开，这些话并没有说明什么；但“外倾”这个词的意义就深了，它表示的是，一个外倾的人，他的意识和无意识都具有某些明确的特性；他平时的行为，他和别人的关系，甚至是他的一生，都具有某一种典型的特质。

不管是内倾还是外倾，从它是一种典型的态度的角度来看，都属于是一种掌控所有心理的活动，一种确定习惯性反应的重要的倾向。所以，它不仅能够决定行为的方式，同样对主观经验的性质也有一定的影响。除了这些，它也把我们可能发觉的无意识的补偿行为显示出来。

习惯性反应的缘由既然已经明确，那我们就算是已经接触到了问题的核心。因为，这些习惯性反应，不仅支配表现出来的行为，而且对于特殊的经验，也有所塑造。某一类的行为导致了某一类的结果，而当事人了解的结果又带来了某些影响行为的经验，这样才算得上是个人命运循环的完成。

虽然说我们依靠着习惯性的反应，已经解决了一个重大的问题，但是有个微妙的问题依然存在，不管我们是不是已经对它进行了充分的定义，就连那些对这个领域极为精通的人，也难免会存有不同的观点。在我谈论到有关类型的书中（也就是纽约哈考特 . 布雷斯出版社在 1923 年出版的《心理类型》），我曾经搜集了很多证据，来支持我的观点，但是我在书里面说得很清楚，我没有让大家把它看作是独一的真理，或者是最站得住脚的类型理论。简单地对理论进行叙述、谈论内倾和外倾的不同之处，就是这本书的内容；但很不幸的是，最值得怀疑的东西往往就是最浅显的道理。其往往掩盖很多复杂的问题，容易迷惑人。这是我自身的经验之谈，原因在于，当我把自已最初的准则说明付印出书时，很伤心地发觉，在不经意间我已经被骗了，就像发生了不正常的事情。我利用过于简单的方式，说了太多，就像是一个寻常人，刚刚有了一个新的发现，就表现出了极大的喜悦那样。

最让我吃惊的是，将人分成内倾和外倾的划分法无法将人和人之间的差异全全包含在内。因为在这其中还存在着无数的类别，所以我不得不质疑自己起初看法的正确性。此后，我用了近十年的时间，才最终澄清了这其中的疑点。

我被每一类中仍有无数的差别存在这个问题，拽进了一个长时间都很难克服的漩涡里面。观察和辨别这其中的差异，其实并非很难，真正困扰我的难题都是涉及准则的问题。想要替那些特殊的差异性找到适合的术语，究竟有什么样的方法呢?

这时，我才首次充分地认识到了心理学究竟是怎样一个不成熟的存在，它仍然处于一种各个学派各执其词的状况里面，一些独立的、杰出的或学识渊博的学者的研究室以及诊断室研究得出的成果，才是其中比较出彩的部分。出于敬业考虑，我专门去拜见了对女人、中国人以及澳大利亚黑人的心理有所研究的心理学教授。因为我觉得，各式各样的生命形态都应该包含在我们的心理学中，否则，我们将仍滞留在中古时期，不会向前发展。

我发现，在当今心理学的一团混乱中，要想找到一个理想的准则，愿望是非常渺茫的。第一条准则是——虽然说不一定完美无缺——运用在心理学史中无法忽视、由很多学者所完成的珍贵成果。

在一篇短短的文章中，那些有助于我选择心理功能准则划分法的各个不同的研究，我没有办法逐一详论。我只希望就我个人能够领悟到的部分，来加以叙述。我们应该知道，一个内倾的人并非只是在面对一件事情时后退或者犹豫，他的犹豫方法极为特殊。而且，并非所有内倾者的行为都是相同的，每一个人的方法都具有独特性。就像狮子往往利用作为自己力量之源的前爪，而鳄鱼用的却是尾巴一样，人的习惯性反应的特点通常也是利用自己最为可靠或者有效的功能，我们力量的表现就在于此。但是，这并不表明，我们的软肋永远不会显露出来。我们会因为某一种功能特别出色，便忽视其他的功能而一心一意去发挥那一种功能，因此便出现了有别于他人的特殊经验。在适应社会的时候，一个聪明的人运用的是自己的智慧，而非那些不上档次的拳术，当然他偶尔非常生气时，也会利用自己的拳头。在生存以及适应的竞争中，利用自身最好的功能是人的一种本能，这就是其习惯性反应的准则。

现在的问题是，我们怎么做，才能把所有这些功能归纳成为一些概念，便于在这一团混乱中清楚地加以辨别呢？在社会上，诸如这一类的分类法早就已经出现了，我们有比如说士、农、工、商等的职业划分法。但是这种分类法和心理学并没有关系，就像一个著名的学者曾经充满恶意地指出，“有很多学者，只能算作知识的苦工罢了。”

与此相比，类型理论要更为微妙。比如说，我们在划分时，不能够只根据智力的高低，原因在于，这种划分法显然是过于笼统和模糊的概念。但凡行得通的和可以立刻产生效用完成目标的行为，几乎都能够称得上是聪慧的。正如愚拙一样，智力并不是一种功能，它是一种形态；这几个字只告诉了我们它是怎样发挥作用的。在道德和美学原则方面，其道理是相同的。

在个人习惯性的反应中，究竟哪一种功能最占优势，才是我们应该明确的。鉴于此，我们只得采用那些一眼看去和古老的十八世纪学院派心理学极为相像的东西；然而事实上，我们在阐释这一理论的时候，只愿意用人人都明白和接受的日常口语。比如说，在我说“思考”的时候，或许只有哲学家会听不明白我的意思究竟是什么；普通人肯定知道我的意思。这个词我们每天都会用到，它的含义几乎是固定的，但假如你忽然让一个人替“思考”做一个非常明确的定义时，他或许会手足无措。在我们谈到“记忆”或“感觉”这两个词的时候，道理也是相同的。运用科学的方法替这一类的观念下定义，并且让它们变成心理学上的概念，不管有多么困难，在平常的口语中，它们却都是些很容易让人明白的东西。

语言是通过经验获取到的意象的存储仓，过于抽象的概念无法站住脚，和现实疏于交集的概念也很快就会消失不见。但是因为思想和感觉是那样笃定的真实，所以近乎每一种凌驾于原始水平之上的语言，必然都具有表达这些东西的精准的词句。所以，我们能够确认，这些表达的词句必然和那些极为固定的心理事实是相对应的，不管这些复杂的事实存在着什么科学的定义。比如说，人人都知道“意识”指什么，并且也没人会质疑这一概念表达了一种明确的心理条件，虽然科学到目前为止还是无法为其下一个令人满意的定义。

所以，我用了日常口语的概念构建在心理功能方面理论，并将它们作为推断态度类型一样的人互相间的差别。比如说，首先我来谈论一下思考用到的也就是一般性的意义，不少人相较于其他人，往往思考得更多，并且在做一些较为重大决定时，他们更加看重自己的思想，我对于这样一个现象感到非常吃惊。甚至，他们会利用思考去了解以及适应社会，哪怕是发生了天大的事情他们还是会完全依据自己的思考去做决定，或至少是习惯根据自己的思考来琢磨行事的标准原则。而另外的一类人，则忽视了自己的思考，完全凭借着其情绪因素的感觉，他们完全凭借着自身的感觉来获取策略，只有遇到那种迫不得已的情况时，才愿意去思考。这种人同前者决然不同，当商业上的合作伙伴或是两个完全不同类型的人结合在一起，组成婚姻关系时，这种差异就会特别显著。所以，一些人的性格不管是内倾，还是外倾，都爱好思考，只不过是他利用的方法具有他自身的倾向和类型的特征罢了。

但是，就某种功能更占优势来说，其间全部的差异，也是没有办法解释的。我指出的思考和情感两个类型，所包含的两种人，除了用“理性”这个词来说明其间具有的共通性之外，我也没有办法进行更深层次的阐释。众所周知，思考基本上是一种理性的行为，但一旦谈论到感觉时，有几个要点我在这里并不是想置之不理；相反地，实话说，关于这个概念的问题，我已经绞尽脑汁了。为了避免让此文涉及太多和这个观念有关的定义，我的讨论范围仅仅只限于自身的看法。“感觉”这种字眼往往能够运用在很多不同的方面，这就是问题的难点所在，这在德文尤为突出，在英文和法文中也有很多。所以，我们必须要先分清楚感觉和感知这两个概念，后者也包含了感觉发生的过程。除此之外，我们也要认识到，惋惜的“感觉”和觉得天气可能发生变化，或是铝矿股票的价格会上升，是完全是不同的。所以，我想采用这个词的第一种含义，而把另外两种含义置于一旁。当涉及感觉器官时，“感知”（sensation）就应该被我们所运用，但假如我们谈论那些无法直接探索出意识感知经验的知觉（perception）时，那么使用“直觉”（intuition）这个词更为稳妥。所以，我等于是把感觉解释成一种通过意识感知过程的知觉，而直觉则是经过无意识内容以及其组合而形成的知觉。

很明显，究竟哪一个定义才更适合的问题就算到世界末日，也争论不完，而争论到最后涉及的也只是名词本身罢了。这就像是在讨论究竟将一只动物叫作美洲豹好还是野狮好，其实最重要的是要弄明白究竟什么才是我们要这样称呼的东西。心理学仍然还是一个没有经过开采的研究园地，首先应该对其特殊的习惯语做些规定。温度有三种量法，分别是：列氏（Reaumur）、摄氏（Celsius）以及华氏（Fahrenheit），这是大家都知道的，但是究竟用哪一个是我们首先必须要说明的。

显然，我们是把感觉本身看作是一种功能，将它同感知和直觉区别开来。一些人只要是把后两者与狭义的感觉混淆在一起，必然会否认情感是具有理性的。假如后两者和情感区别开来，显然，感觉有价值和感觉正确性——也就是我们的感觉——不仅是有理性的，而且同思考一样，也具有鉴别力、逻辑性以及连贯性。对一个思考型的人来说，这种说法或许有些奇怪，但当我们发觉，一个具有特别思考能力的人，其感觉功能都比较不发达、比较原始，所以也就容易同所谓的感知和直觉功能混杂，这时，我们也就不觉得奇怪了。感知和直觉同理性功能原本是相对的东西。当我们思考时，其目的无外乎就是要做判断或者是下结论；当我们产生感觉时，其目的无外乎就是为了给某一个东西赋予一个恰当的价值；另外一个方面，感知和直觉则是有知觉力（perceptive）的东西——让我们知道发生了哪些事情，但是不对其进行解说或者评价。它们并非以原则作为依据发生作用，而只是将所发生的一切接收。但是，“所发生的”只是自然的，当然就是非理性的。关于为什么要有那么多的行星或者为什么有如此多种热血的动物这些问题，我们找不到推论法对其进行证明。理性对于思考和感觉来说，是必不可少的，但是理性同样也少不了感知和直觉来对其进行完善。

因此有不少人的习惯性反应是非理性的，原因在于，他们的依据是以感知或直觉为主。不过我们没有办法将两者同时作为依据，因为感知和直觉，就像是思考和感觉一样，是死对头。当我试图用眼睛和耳朵去确定究竟发生了什么事时，我自然没有办法同时诉诸梦或者幻想。既然对于直觉型的人来说，让自身的无意识充分发挥行动的自由是他们的目的，那么显然，感知型的人同直觉型的人相比，肯定是迥然不同了。遗憾的是，属于非理性类型中内倾和外倾两个类型所具有的有趣差异，我在这里无法对它们进行讨论。

然而，我倒是更喜欢再次谈及当我们的倾向已经固定时，对其他的功能经常造成的影响问题。众所周知，人们没有办法求得完美无缺；他想发展某种品质时要以某些东西为代价，最终导致无法达到完美的地步。但那些不通过练习获得以及在平时生活中不常用到的功能，情况又会是什么样的呢？大多数情况下，这些或多或少地都会停滞在原始和婴儿的状态，往往都会处于半意识，甚至是完全没有意识的状态下。这些相对未曾发展的功能，通常处于一种特殊的劣势地位，当然也是一个人性格的主要构成部分。只要是倾向于思考一方的，其感觉的功能肯定会比较差一些，同时截然不同的感知和直觉也势如水火。根据效力、稳定性、坚定性、可靠性以及适应性，我们可以很简单地判断出一种功能是不是已经充分发展。但那些不怎么发达的功能，往往很难发觉或者解释清楚。一个明显的判定法：假如我们常常会在这一方面没有自信，常常依赖他人或环境；更深入来看，它会让我们产生情绪以及过分的敏感性，简单列举几种情况：不可靠、不明确，或者经常轻易接受别人的意见。实际上，因为这种不充分发展功能的牺牲品就是我们自身，所以它被我们运用的时候，就总是处于一种劣势的地位。

在此我只局限于描述一种心理学类型理论的基本观念，非常遗憾的是，没有办法凭借着这个理论，详细描述个人的特点以及行为。我至今在这方面的所有研究成果，可呈现给读者做参考的，也只有我上面提到过的内倾和外倾两种一般性类型态度。除了这些，我也研究出了一种凭借思考、感觉、感知以及直觉等功能的四分法。这些功能因其一般性的态度有区别，所以又产生了八种变体。以前有人用责怪的语气质疑我，为什么要不多不少地将其分为四种呢？事实上，我是根据实验来把它分成四种的。但正像下文里面阐释的，在某种意义上，分成四种已经足够了。感知告诉我们有什么东西，要想知道其意义，我们就要思考，通过感觉，我们知道了其价值，直觉则告诉我们事情可能的发展和变化。如此一来，我们去适应目前的世界时，同样可以根据地理上标经纬度的方法进行调节。四种功能就好像是罗盘针上面的四个点，它们的划分法是确定且必不可少的。我们变动其方向和度数时，是没有哪种理由能够阻挡的，并且我们同样也可以自由地为之冠上不同的名称，原因在于，这只是一个习惯与理解的问题而已。

但我必须承认一个事实：在我的心理学研究之路中，是绝对不会放弃这一个罗盘的。这并非为了一项明显且每个人都具有的原因，即每个人都很珍惜自己的观念。我对自己的类型理论极为珍惜，有着客观的理由，原因在于，一种长期缺少的、严格意义的心理学因为其比较法和修正法的体系而成为可能。

第五章

人生的各个阶段

Modern Man In Search Of A Soul

寻求灵魂的现代人

如果要对人生发展的各阶段的问题进行讨论，这将非常耗费精力，原因在于，我们要把从出生到死亡的整个过程的精神生活画面全部展开。所以，在较短的篇幅中，我们只能对它的梗概进行粗略的叙说，并且读者要知道，对于各个阶段那些正常的心理现象，我们是不打算来描述的。我们宁愿只大概地谈论几个“问题”，这些问题比较困难、值得怀疑或者说含糊不清。在这些问题里面，有很多我们都不需要在脑袋里画上问号。情况更坏的是，有些部分我们需要先去信服，有时甚至要用一点幻想力。

心理生活假如说具有明确的轨道——原始的层面的确是这样——我们能够完全凭借着纯粹的经验而感到满意。但是对于现今的文明人来说，他们的心理生活充斥了很多问题，我们被迫用“问题”这个概念来进行谈论。大体上，思考、怀疑以及实验的组合构成了我们的心理过程，无意识的、直觉的原始人对于这些东西，是非常不熟悉的。

现今我们之所以有如此多的问题产生，归根结底还是意识成长的功劳！同时这些问题也是值得怀疑的文明的产物。原因在于，人类脱离了本能，有违于他的本性，才有了意识。本性即自然，延续自然就是它所追寻的目的；相反地，意识却单纯地只想要追寻文化或者否定文化。即便是我们遵循卢梭的希望，回归于自然，自然也早已被我们文明化了。假如我们滋润在无意识状态的自然中，那么我们就仍旧生活在一种本能性的安全里面，连问题是什么都不知道。一切在我们心中存在，但却是属于自然的部分，必然会因为问题的到来而土崩瓦解，因为疑虑就是问题本来的名字，凡是疑虑占有优势的地方，就可能有不确定和分歧产生。只要是出现了不止一种可以选择的办法，我们就会逐渐挣脱本性的引导，并因此而受到恐惧的控制。原因在于，这个时候的意识会受命提供一项明确的、毋庸置疑的决定，这也是自然经常帮其儿女所做的事情。于此一种人尽皆知的恐惧感好像就会将我们的内心围住，即认为意识——我们所说的普罗米修斯式的征服——或许最终已经没有办法践行它作为自然替身的责任了！

所以，问题已迫使我们进入到一个孤立的境况中，被自然抛弃，赶进意识状态中。因为我们已经走入了绝境，我们被迫诉诸于曾经当许多自然事件发生时，让人信任的决定以及解决的办法。所以，每一个问题的降临都会将意识的范围扩大；另一方面，我们也势必要向那些孩子般的无意识以及对自然的信服告别。这种需要是一种心理事实，且有着相当的重要性，同时也是组成基督教象征性教义中最为关键性的部分之一。那是牺牲了一个自然的人，悲剧始于伊甸园中那个吃掉苹果的无意识而天真的人。关于人的堕落，在《圣经》里有所记载，表明了意识的出现就是一种降临在人身上的灾难。所以，直到现在我们才开始领悟出，每一个使我们意识得到强化的问题，同时也使我们离无意识的孩童时代乐园越来越远。问题是每个人都想要躲避的，如果可能，最好永远不要提到它，甚至去否定它的存在。生活简单、明确且平顺是我们所期望的，所以，问题就变成禁忌。我们寻求安稳，除去疑惑；渴求成就，拒绝实验，殊不知，经过疑惑才能让安稳产生，经过实验才能让成就降临。单纯地躲避问题，是没有办法获取信心的；相反，只有通过更多、更强的意识，才能达到我们所期望的安定和清晰。

前面这段绪论看起来有些冗杂，但我觉得，站在它替我们的题目做说明的角度上看，是必不可少的。在我们必须要处理一些问题时，往往本能上就拒绝了那些以黑暗和摸索为主导的线路。我们期望得到那些确定无疑的成就，所以就将一项事实完全忽视了——即只有在我们进入到黑暗中又返回时，才能够获得那些成果。但是，我们必须要把所有意识所能提供的启蒙的力量集合在一起，才能穿透那段黑暗的旅途；就像我上面说到的，我们甚至必须要借助一点想象力。因为，我们在处理心理生活问题时，经常会在很多不尽相同的学科中踌躇不已，没有办法决定究竟该相信哪一种原理。那些神学家、哲学家、医生以及教育家被我们打乱且惹怒了，甚至还涉及生物学和历史。这种过分行为的原因并不是我们的傲慢，而应该归因于一项事实，即人的心理是很多因素构成的奇妙的综合体，将这些学科变为高不可及的研究。因为人是从自己的内心，依靠着他特异的天赋才将科学创造出来。这些科学是他心理的外部显露。

所以，我们假如问自己一个没有办法避免的问题："为什么人和动物截然不同，会产生这么多的问题？"我们肯定免不了会陷入一个几个世纪以来，无数聪明的人都无法解开的结。关于这个大问题的争论，我不想继续赘述下去，只是想站在人类的角度上，试图对这个基本的问题做些回答，然后将此作为奉献呈送给读者，让他们做些参考。

没有意识就不会有问题。所以我们要能够站在其他的角度去发问：意识是如何产生的？这个问题，没有人能够给出肯定答案，不过我们仍可通过观察孩童进入意识状态的过程，来了解它。每个父母只要能够观察得稍微细致一些，就肯定能够觉察出来。下面就是我们通过观察获取的结果：当一个小孩能够"认识"某物或者某人时，我们便可得知，这个小孩已经具有了意识。毋庸置疑，伊甸园里面的知识树之所以会成长出致命的果实，这便是原因。

但是所谓的认知或者知识，究竟是什么呢？在我们读到"认知"时，也就意味着可以把一个新的知觉同一个旧有的内容连接起来，但对于新的知觉，我们并不反对，而且对于旧的内容，我们也都已经有了意识。所以，心理内容之间有意识的联系是"认知"的基础。对于一些彼此没有关系的知识，我们不可能获取，更不可能意识到它们的存在。所以，我们所能察觉到的意识的第一阶段，肯定是建立在两个或两个以上心理内容之间的关系上的。在这种情况下，意识只能算作是间歇性的，仅局限于表现在几件互有联系的东西上，之后就会被逐渐忘却。没有人会否认，人生的幼年期是不存在什么连续不断的记忆的；顶多只会存在意识的几个孤岛。但是，这些记忆的小岛同心理内容之间的初期联系，是不一样的，它们具有的内容更多且更新。所谓自我的、非常重要的一系列的联系便是由这些内容所构成的。自我与初期的内容系统就是意识中的一种客体，所以，小孩子在最早开始说话时，用的一般都是第三人称。到了后来，在自我内容也产生出属于自己的力量时（很大一部分的原因是练习造成的），才有了主观感或者是“自我”感。很显然，这个时候，小孩子开始用第一人称谈论自己了，在这种情况下，记忆的连续便开始了。事实上，那就是一种自我记忆中的连续性。

在孩子的意识阶段中，仍然不会出现任何的问题；孩子仍然完全依赖于他的双亲，所以没有必要承担责任。他仍旧笼罩在其双亲的心理气氛中，就像没出生时一样。伴随着青春期以及性生活的介入，精神的诞生以及意识里随之而来的自我和双亲之间的显著区别就顺理成章地产生了。心理上的变化随着生理上的变化同时到来。自我的力量由于体质上的各种特征而加强了，所以它在表现自我时，毫无保留且无所限制。我们一般将其称为“尴尬的年纪”。

在这段时期还没有到来之前，个人的心理生活完全被冲动所支配，几乎不会遇到什么问题。甚至是当外在的限制与主观的冲动之间产生冲突时，这些妥协仍旧不会让个体与其自身之间有不相容的现象出现。他要么是屈服在这些冲动之下，要么就是想办法压制它们，最终的结果是保持和谐的。他不知道一个问题可能会带来的内心紧张情况是什么东西。只有当一个外在的限制变成内在的阻碍后，这种情况才会产生，即当一种冲动与另外一种冲动有了摩擦时才会产生。如果要用心理学的术语来说明，我们可以说：这种由于一个问题而导致的状态——即自己和自己不相容的状态——当自我内容体系以及第二组同样的紧张体系都降临时，才有可能产生。这第二组受益于其能量的价值，具有与自我情结相对等的功能性含义，我们也可以将其称为另外一种自我，或者是第二种自我，它总是致力于从第一个自我手中抢夺领导权。这种现象就造成了它们之间的冷淡，这也就是问题到来的征兆。

如上面所说，我们可以做如下的概要：第一阶段是一种无政府或者混乱的状态，它是由辨识或“认知”构成；第二阶段是一种君主制或一元化的局面，即发展的自我情结；第三阶段是二元化的局面，它是另外一种向意识深入的环节，在这一阶段，它对于自己的分离状态一清二楚。

现在，我们终于可以真正来谈论一下实际的主题，也就是人生各个阶段的问题。青年时期是我们首先要来讨论的大概范围，是从青春期一直到中年，也就是三十五到四十岁为止。

可能有人会问我为何要从人生的第二阶段开始说呢？难道孩童时代没有相关的困难问题吗？对于双亲、教育家以及医生们来说，孩子复杂的心理生活当然也是让人感到头疼的问题；但是通常情况下，孩童并不会将真正的问题带给自己。一个人只有在长大成人后，才会对自我产生疑惑，同自我产生矛盾。

大家熟知青春期问题的来源。对大部分人来说，现实生活的需要正是孩童时代梦想的破碎的原因。如果一个人有很充分的心理准备，或许会特别顺利地过渡到事业的生涯。但是，如果说他的固执己见和现实产生了冲突和错觉，问题就会随之而出现。在步入生活时，每个人都多多少少会怀有幻想，事实上这都是不正确的想法。换句话来说，每个人此时都无法适应被迫进入的环境。形成这种状况的原因，往往在于期望太高，看低了困难，怀有一种不合情理的乐观看法，或者说怀有一种否定人生的态度。如果要列举出导致早期意识问题的那些不正确幻想，你会看到一份很长的清单。

然而，问题的产生，并非总是主观的臆想和外在的事实产生了冲突导致的；有时候，或许是因为内在的心理不安造成的。甚至就算一个人的外表看起来一帆风顺，这种现象也仍旧会发生。常见的不安现象，是因为性冲动而导致心理失去平衡产生的；又或者是无法忍受的敏感导致的自卑感在作怪。诸如这种内在的痛苦，就连当我们不用费太多的力气就可适应社会时也会存在。甚至表现为，那些需要为了生活而艰难努力的年轻人，可以避免这种问题的侵扰；而那些因为某些原因轻而易举就适应了社会的人，却反倒是要受到性或者冲突导致的自卑感等问题的困扰。

那些人格障碍者的问题，往往都是他自身的特异气质带来的，但假如将人格障碍者与神经症混淆在一起讨论，那便是特别严重的误解。事实上，二者之间有一个很明显的不同，人格障碍是由于他没有意识到自身遇到问题而陷入麻烦，而对于神经症来说，却是因为意识到自身有问题而遭受痛苦。

假如我们试图把那些比较常见、重要的因素从每个人青春期所带有的林林总总问题中提取出来，就会发现一个特别的现象：每个人或多或少都想坚定不移地守护住对孩童时代的意识状态——表现出对于命运之神的反抗，努力反抗身边所有意图毁灭我们的力量。在我们的内部存在着某种力量，它要求我们仍然做小孩；希望处于无意识的境界中，或者顶多只是期望能够感知到自我的存在；希望拒绝所有陌生的东西，或者至少也要让它在我们的意志下臣服；希望我们不需要为义务担责任，或者单纯地追求享受或者权力。这样一来，我们就找到了某种惯性：已经存在的阶段想固守下去，它要比二元阶段中的意识更加的狭小和自我。原因在于，一个人到了人生后段，便会被迫去了解并且接受那些看起来截然不同而又特别怪异的自己的一部分，会发觉那些居然“也是我”。

生活水平线的扩大是二元阶段的主要特点——反叛便是针对它的。当然，这一扩大现象——或借用歌德的话，这个扩张（diastole）——在这里早就已经开始了。当孩童丢弃了母亲子宫的狭窄限制，也就是在孩童诞生时就已经开始了；从此之后它就会茁壮长大，到达了一个个人由于受到问题的围堵而开始要做反抗的重要转折点。

如果在这个时候，他很轻易地就可以将自己转变成另外一个全然不熟悉的“也是我”，并且使得早期的我自我消逝的话，那么会出现什么样的结果呢？或许我们会觉得那是很现实的过程。把一个人改变成一个新人，或者说将来的人，毁灭掉旧有的生活方式，这便是宗教教育的目的，这其中包括规劝人抛弃旧亚当以及回到原始民族再生祭典的时代。

通过心理学我们知道，从某种意义上来看，心理的东西是不存在所谓旧的，也不存在真正消逝。保罗被咬过的痕迹也没有消失不见。只要试图避新就旧或者是避旧就新的人，都会患上神经症。一个是和过去有了隔阂，另外一个是和将来有了隔阂，这就是两者唯一的不同。从原理上来看，两者都犯下了一样的错误；为了求得生存，他们都同样要逃避到一个非常狭窄的意识状态下。做出反击的解决方法，就是在相反的两极之中奋力奋斗，在二元阶段中，建立一个更高层次且更为广阔的意识状态。

如果在人生的第二阶段中能够有这种结果，那将是最为理想的了——但关键正在于此。首先，自然并不在意意识境界的提升；实际上，它所在乎的恰恰与之相反。何况，社会上的人并不是特别看重心理智慧的结晶，成就才是他们夸奖的对象，而不是人格，很多人都是在去世之后，才受到追崇。所以，一个解决这个困难的办法变得极为繁杂：我们不得不限制自我去做那些能够实现的事情，同时形成属于自己的特殊的态度，因为只有这样，那些有才华的人才有机会得到社会的重视。

引导我们逃离出混乱局面的理想之物包括成就和贡献等。在扩大和固定我们精神生活的冒险过程中，它们就是我们的北极星，能够帮助我们在社会上站稳脚跟，但却无法指引我们走向所谓的文明的、更宽广的意识。在青年时期中，这种做法不管怎么样都是正常的，从各个方面来考虑，比起在问题层出不穷中稀里糊涂地生活，这种做法显然要好很多。

所以大多数情况下，困难都是这样解决的：尽量利用自身过去的经验去适应未来的发展和社会的需要。我们仅局限于去做那些简单方便的事情，于是就抹杀了一切其他的潜在能力。对于过去的良好机遇，某甲没有抓住，对于未来的良好机遇，某乙没有抓住。很多以前的朋友或者同学前途一片大好，很可能人人都能记得住，但是往往很多年再次相遇时，才发现他们已经黔驴技穷。这些就是上面所列举出来的解决方法的例子。

只是，人生中那些比较严重的问题总是难以完全解决。假如某一天真的解决掉了，或许就意味着某种失去。解决它并不是问题的意义以及目的，不断地对其进行研究并且解决的整个过程，才是最终的意义和目的。我们仅仅凭借着这一点，就足以避免跌入愚笨以及茫然无措的深渊了。假如限制自己只去做那些快速见效的工作，好像能解决青年期的问题；但站在较深层次的角度来看，这种解决只是暂时性的，绝对不会长久。

的确，为了要在社会上展露锋芒而被迫改变自我本性，这多多少少也可视为是对存在的一种适应，不管站在哪个角度看，都必然会当作一种重大的成就。这是一场奋战，双方分别为内心世界和外在世界，就好比一个孩子为了保卫自己，而进行的一场保卫战。诚然，我们不能否认，因为这场战争是在黑暗中进行的，所以大部分都是无形的；可是当我们发觉有些人即使已经接近中年，但仍旧固执于小孩式的幻想、理想以及自私习惯时，一看便知，这种做法所花费的代价有多么巨大。同样，青年时期许多的理想、信念、引导以及态度，指引我们走向生命的旅程，为了它们，我们抛过头颅、洒过热血，最终取得了胜利：这些都将会成为生命的组成部分，我们已经和它们水乳难分，所以，我们非常愿意它们永远存在，并将其看作是理所当然的事，就好像在面对世界时，一个孩童为了维护自我，会无所顾忌，甚至偶尔还会发生虐待自己的现象。

我们越是接近中年，就越是容易固守在个人观点和社会地位的圈子中，并且似乎已经找到了应该走的人生路途、适当的理想和行为准则。所以，我们就将其看作是理所当然的事情，然后也没有考虑，就立刻守住不放了。我们忽视了很关键的一点，要想在社会上取得成绩，就要付出代价，也就是收敛我们的个性。我们需要真正去领悟的很多的生活经验，都集合在一个杂物间里，里面充满了灰蒙蒙的记忆。甚至它们就像是灰烬中那些闪光的煤屑。

依据统计表显现的情况，可以看出，患有精神忧郁症的男性病人，大多数年龄都在四十岁上下。患有神经症的女性病人相比要年轻一些。我们发现在三十五岁到四十岁这段生命期中，人们的心理正在筹划着一项重大的改变。早期的改变很难被察觉，而且也不会让人觉得惊讶；实际上，那也只是一种间接性改变的征兆，仿佛来源于无意识。通常，这看起来是性格的一种缓慢地变化；孩童时代消逝的一些特性在这个时候，又再一次出现了；或者说，某一些兴趣和爱好开始逐渐消失，被其他的一些兴趣所替代。除此之外，也常有些一直以来遵行的信念以及原则等开始硬化，越来越僵硬，特别是道德律，一直会继续到大约顽固不化、执迷不悟的年纪才会停止，即五十岁的时候。这时，这些原则似乎已经无法立足，必须要再进一步强化才行。

青春阶段的葡萄美酒随着年纪的增加会越来越浑浊，而不是越来越醇厚。上面所有提到过的现象在一个非常有偏见的人身上，不难看出来，只是时间的早晚罢了。根据我的浅陋见识，在一个双亲都健在的人身上，其出现的时间往往会较晚一点。这个时候，他的青春期似乎就延长得非常不合理了。诸如这样的情况经常发生在那些父亲长寿的人身上，所以，父亲的去世可能会为其带来过分匆促、甚至是悲惨的成熟。

我结识了一个特别虔诚的教会执事，他从四十岁起便日渐反感于道德和宗教方面的事情。同时，他的性情也明显在走下坡路。最终他仿佛成了一根在黑暗中慢慢倒下去的“教堂支柱”。就这样他一直挣扎着活到了五十岁，忽然有一个晚上，他坐在床上对妻子说：“我终于想清楚了，我其实只是一个一般的流氓罢了。”这种自觉引出更进一步的后果。到了晚年，他便过着一种放荡不羁的生活，大部分家产都被他挥霍了。很显然，一个人迈向两个极端的可能性是非常大的。

成人们经常患有的神经性不安现象均有下面这些共同的特性：他们总是忍不住要将青春期的心理特质，带入到成年期的大门。我们都知道，老年人必须经常重温学生时代的辉煌事迹，和回想其年轻时代的勇敢事迹，才能燃起生命的焰火。不这样做的老年人，那就等于跌入了没有希望的深渊。事实上，就下面要说的这点益处而言，我们不应该低估它的价值：他们并非人格障碍，仅仅是让人觉得讨厌、顽固不化罢了。那些眼下没有办法随心所欲，对于过去也不敢回忆的人，才是人格障碍。

人格障碍者无法摆脱孩童时代，所以如今也没有办法告别青春。对于即将到来的老年，他避免去想，因为自己觉得前途渺茫，所以总是尽量去回忆过去。成人就如同一个孩子气的人，只不过前者是在逃避后半生，而后者是在逃避世界以及人生中未知的事情一样。好像他必须要经历许多未知的、危险的事情；或似乎他肯定会遭遇许多很不期望遭遇的牺牲和挫败；再或者他的生活直到目前，都是尤为合乎情理而珍贵，没有这些他就不能活下去了。

是否根本上那就是一种对于死亡的恐惧感？我认为，这种说法好像不能成立，因为实际上，死亡仍旧很遥远，所以仍可将其看作是一种抽象的东西。

我们通过经验得知，在这段过渡时期内的一切的困难，都能在心灵深处所发生的特殊变化中找到其基础和原因。为了描绘其特性，我不得不将太阳的日常运行拿来做个比喻——但这是个被人类的感情以及意识限制的太阳。清早，它从无意识的夜晚中升起，放眼展望这个展示在面前的广阔光辉的世界，这个世界看不到边际，其宽度已经在慢慢地变大，而太阳也在越升越高，抵达了苍穹。随着不断升起，其运动范围也愈来愈大，太阳发现了其中的意义；它把它自身所能够到达的极限、能够照耀到的最宽阔的地区，看作目的。有了如此信念，太阳就开始追寻其未知的旅途，直到到达天空之顶；之所以无法预见，在于它的旅途特别且个性化，无法提前预料到终点。到了中午它就开始下降。下降的含义就是把早晨它所向往的一切理想和价值一笔勾销。太阳开始坠入一种自我矛盾之中。这个时候太阳应该将光吸取进去，而不应该再照射出去。亮光和热气慢慢地消逝，最终熄灭了。

再多的比喻都显得惨白，但是比起其他的比喻，这个已经算是很好了。有一句带有讽刺意味的法国的格言这样的总结：希望年轻人有聪慧，老年人有干劲。

还好我们人不是朝升暮落的太阳，否则我们文化的价值就不堪想象了。但是我们确实和太阳有些相像，将人生比作是早晨和春天、傍晚和秋天的讲法，并不只是感伤性的隐语。这种说法可算是把心理学的真理表达出来了，甚至亦表达了生理的事实，因为发生在生命中午的转变也改变了肉体上的特征。特别是通过住在南半球的种族来观察，我们常能发现，那些年龄比较大的妇女，皮肤都很毛糙，声音也很浑浊，胡子也长了出来，脸上的表情很冷漠，并且表现出其他很多男性的特征。相反的是，女性的特征却慢慢出现在了男性的身上，比如，脂肪变多、面部的表情也比较温柔。

在人种学的文献里面，有一段报告特别有意思，故事是一个印第安的酋长，他在中年时梦到了一个大精灵。在梦里面，精灵向他宣称，他从此以后都要和妇女以及孩子们在一起，穿女人穿的衣服，吃的女人吃的食物。他遵循着梦的指示去做了，因此没有发生凶险的事情。这种幻象恰恰就是人生中午心理变化的说明，表现了人生开始往下坡路走。人的价值，甚至于是他的肉体，将开始经历一次截然相反的变化。

我们可以把男性和女性的心理成分比作放置在某种储物器中的两种物质，在前半生中，这两种物质出现了运用不平衡的现象。男性把其自身大部分的男性物质都消耗掉了，只余下了少部分的女性物质，现在不得不用上。女性的情况则恰恰相反，她让那些从未被利用过的男性特征开始发挥其功能。

这种变化对心理的影响力远远大于对于肉体的影响力。我们常能看到，有的男人到了四五十岁就结束自己的事业，开始让妻子掌管，而他就负责处理一些杂务。很多妇女过了四十岁才会逐渐意识到她的社会责任，这个时候服务社会的意识才开始萌生。在如今的商业生活中，特别是在美国，很多人到了四十岁左右就出现了精神崩溃。我们假如能够稍微花些心思对这些病人进行研究，肯定会发现，崩溃的部分到目前大多数都是一直在支撑的男性方面，到了最后仅剩下一个具有女人气的男人。反之，在这些行业里面，我们也能够发现很多妇女，她们到了后半生，不寻常的男性气概和英气便会发挥出来，而那些她们通常具有的感情用事以及闹情绪的现象，则被她们完全放弃。大多数情况下，这样的倒转变化会给婚姻生活带来各式各样的不幸。原因在于，丈夫一旦展现出温柔的性情，而妻子却展现出尖锐的一面，我们不难想象，这会产生什么样的后果。

接受过教育的人以及知识分子都具有这种倾向，但对这种变化的可能性，他们却一无所知，这才是最糟糕的地方。在步入后半生的旅途之前，他们丝毫没有准备。社会上有没有这样一种大学，是特意为四十岁左右的人设立的，指导他们该怎样度过即将到来的人生？和专门为年轻人准备的大学一样，目的是传授给他们有关社会化生活的所有知识。事实是，没有这种大学。

我们在没有丝毫准备的情形下，走入了生命的下午；更加糟糕的是，我们在进入时，自以为自身所了解的真理和理想，一定适用于这个阶段的人生，这其实是一种不正确的幻想。然而，事实是，我们是无法用生命早晨的计划去过生命的下午的，原因在于，某些东西在早晨看起来很美好，但是到了晚上就会毫无用处；对于早晨来说是真实存在的东西，到了晚上就会变得虚无缥缈。我曾帮很多上了年纪的人做过心理方面的治疗，并且我也经常深入他们灵魂的私密角落，根据经验，我可以确信，这个基本原理屡试不爽。

上了年纪的人应该知道，他们的生命已不会再向上攀爬或向外拓展，而是一种内在逐渐变冷的变化，使得他们不得不缩小生命范围。假如一个年轻的小伙子过于看重自己，那几乎就是一种罪过，同时也是一种危险。但对于一个年纪比较大的人来说，多用一些时间关注自己反倒是最应该做的事情。在太阳将过多的阳光照耀到世界上之后，自然就需要将自身的光线收回去，用来照耀自己。但很多上了年纪的人，不但不会这样做，还会转变成疑病症患者、吝啬鬼、死硬派，沉浸于过去的辉煌或逝去的青春中，这些替代品不幸地取代了照射自己的努力，幻想用前半生的原则去度过后半生，这才是造成这些不可避免的结果的原因。

我刚才说到，我们没有专门为四十岁左右的人设立的学校。事实上并不是这样。我们的宗教中以往不是有很多类似的学校吗？但又有多少人如此看待它们呢？究竟有多少上了年纪的人在这样的学校受过熏陶，然后为自己的后半生、老年、死亡和永生做准备呢？

人们若是把长寿看成毫无价值的东西，他自然不想活到七八十岁。人生的下午肯定有着自身的意义，而不只是人生早晨的一种可悲的附属物而已。个人才能的发挥才是早晨的意义所在，它使得人们在社会上获得保障，进而传宗接代和抚育儿女。这是很自然的目标。但当这个目标完成甚至超过时，难道说挣更多的钱、扩大雄心壮志、扩张生活还会持续稳定前进甚至是超过其理智和常识的范畴吗？凡是那些将早晨的法则带入下午的人，肯定是会付出灵魂受到创伤的代价，就像是一个年轻人，正在发育中，如果他幻想在稚嫩的自我主义中避难，他就肯定要为这样一种错误付出在社会上失败的代价，这是一样的道理。挣钱、创造社会地位、组建家庭以及传宗接代等，它们并不是文化，只是自然的行动。只有超越自然的目的才是文化。是不是有这样一种可能：文化正是人后半生的目的和意义？

通过观察原始部落，我们可以得知，大部分的老年人都是神秘和法律的保护者，部落的文化遗产正是依靠这些才能够传承下来。而我们的情况又是怎样的呢？对于我们的老年人来说，他们的智慧究竟在哪里，珍贵的秘密和愿望又在哪里？大多数老年人都想要和年轻人一争高下。在美国这个国家，父亲的举止就像他儿子的兄弟，而母亲，当然如果可能的话，竟愿意做她女儿的妹妹。

我不知道，这种现象究竟是因为早年过于看重年龄尊严，还是因为不正确的理想。毋庸置疑，这些成分是肯定存在的，特别是那些将人生的目的看作在于过去而非在于未来的人，更是这样。所以，他们才想方设法地缅怀过去。后半生的目标同前半生相比，为什么应该更加舒服，这些人根本就看不出来。扩充生活面、奉献服务社会、在社会上功成身退、让后代都能找到合适的伴侣和工作等；这些目的还不够吗？悲惨的是，有很多老年人，还埋怨生活的范围愈来愈小，且认为他们早年的理想都已经幻灭，他们对这些意义和目的仍不满意。当然，如果这些人在早年就有机会斟满人生的酒杯，并将其喝得一干二净的话，那么他们对待所有事物的看法自然又将截然不同；如果他们没有丝毫的保留，已经吸收了一切点燃生命火花的燃料，那么他们一定会欢迎老年的寂寞。

但是，我们应该记住一点，那就是在这个世界上，有资格被称为生活艺术家的人可谓是寥寥无几。所有艺术中最为珍贵和稀有的，就是生活的艺术。这个世上究竟有几个人曾酣畅淋漓畅饮了生命之酒呢？因此说，有无数的生命从人们的手中白白地流走了，有时甚至就算他们已经竭尽全力了，但仍觉得自己无用武之地。他们通常会怀着极不满意和对过去念念不忘的心情踏入老年的门槛。

如果这类人经常追忆过去，才是最危险的。他们需要时时刻刻都有一个未来的期望和目标。一切伟大的宗教都含有来生的希望，这便是原因所在，宗教能让处于后半生的人仍具有前半生的毅力和目标。如今的人，广阔的生活范围和达到巅峰的事业都不存在问题，但是死后的生活好像就有些问题了，甚至是无法相信的。但是，只有在我们感觉人生无趣时，才愿意去接受生命的终点，也就是死亡；或者是当我们已经坚信，太阳到达了跌落的那一点——照射另一个世界的人们——同它上升到天空顶端时有相同的魅力时，我们才会觉得即便是死了，也没有什么缺憾。然而如今，信仰已经成为一种难以接近的艺术，所以大多数的人，特别是那些受过教育的知识分子，已经发现无法再去接受信仰的道理了。他们已经习惯性地认为，所有关于永恒和类似的问题都存在着许多矛盾的观点，并且也没有证据让人信服。在现今的世界里，自从“科学”变成决定相信或者不相信的根据后，我们只愿意听从于“科学的”证明。但是，那些具有思想以及受过教育的人都明白，诸如这样的证明是不存在的。事实上有关这些，我们一无所知。

在此，我是不是也能用同样的道理说，我们对于一个人死后事实上是什么其实也一无所知？答案不是肯定的，也不是否定的。无论我们如何说，恰当的科学证据就是拿不出来，因此也没有办法去证明火星上究竟有没有住着人。而假如火星上真的有人，他们也不在意我们对他们的存在所持的态度是相信还是否认。他们可能是存在的，也可能是不存在的。永恒问题的情况亦是如此。所以，这个问题就可以被我们放在一边了。

但是，我作为医生的良知醒悟了，而且促使我一定要对这个问题说出自己的建议。通过观察，我已经得知，一种接受指引的生活同毫无目标的生活相比，前者要好很多，且更为丰富和健康。我又发现，一个人生活在这个世界上，顺应自然是最好不过的了，不能反其道而行。对于一个心理治疗医生而言，一个老年人没有办法同人生说再见和一个年轻人没有办法去面对人生，两者是同样的软弱和病态。然而实际上，对于很多病人来说，两者都犯了同样贪婪、惧怕、顽固以及任性的毛病。作为医生，我坚信将死亡看作是人生的目标是健康的——假如我可以这样说的话——而那些对于死亡一味逃避的人，则是不健康的、非正常的，这样做，就相当于失去了后半生的目的。所以我觉得，最合乎心理健康的莫过于相信宗教的来生之说了。当我住在一个房子里，并且我知道在半个月后它会倒塌，受到这个观念的影响，我的所有重要的机能必定会遭到毁坏；但相反的是，倘若我认为自己毫无危险，那么我就能很正常惬意地住在里面。所以，站在心理疗法的角度来说，人们最好将死亡看作一个过渡——仅是生命过程中的一部分而已——它的范围以及持久性是我们现有的知识领域无法获知的。

虽然说直到现在，我们身体需要盐分的原因，大多数人还是没有办法获知，但是基于一种本能上的需求每个人都会摄取盐分。心理上的道理也是如此。从遥远的洪荒时代开始，很多人就已了解并相信生命延续的必要了。所以，治疗的要求会将我们指引到先人走过的道路上，而不会将我们领到什么歧路上。因此，虽说我们甚至不明白自己在想些什么，但是我们要求人生有意义的这一想法，是正确的。

我们了解自己曾经所想的东西吗？我们只明白，思考只是一种方程式，它并没有办法给我们什么新的东西，只能将我们投入进去的部分生产出来。这种做法是理智层面的。但是除了这个，人类还可以利用象征法来思考，它是一种原始意象（primordial image），并且远远比人类的历史更为古老；早在史前，这些意象就已经深深地扎根于人类心中，从头到尾都存在，经历了无数代，到现在仍是人类心理的基础。我们要想让自己的生活更有意义，就必须让自己和这些象征物相协调。

所以，回到这些象征物才是明智的做法。那不是信仰的问题，也不是知识的问题，而是让我们的思想和无意识的原始意象相调和的问题。它们是我们一切意识思想的总源泉，而来生观念就是这些原始思想的一部分。

科学和这些象征物是没有办法一概而论的。它们是想象力必不可少的条件，也是最原始的资料——不是科学随便就可以去否认其适当性和存在性的材料。科学只能把它们看作是现成的事实，举例说明，这和它在研究甲状腺功能中的情况是相同的。在十九世纪之前，由于大家对甲状腺并不了解，便把它看作一个没有用处的器官。同样的，如果今天大家也将原始意象看作没有价值的东西，那肯定也会犯鼠目寸光的错误。就我个人而言，这些意象均属于心理器官里面的东西，在处理它们时，我向来都极为小心谨慎。有时，我要对一个中年病人说："你心理新陈代谢功能失常的原因在于，你脑海中与上帝有关的影像或者你对永恒的观念已经消失了。"古时候的长生不老药（athanasias pharmakon），事实上远比我们想象中更加深奥和有意义。

现在我想暂时回去，再次探讨太阳的比喻法。人生那道 180 度的弧线能够分成四个部分。前一部分，在东方，是孩童的时期——即我们在别人的眼中，是问题最多的一个状况，只是不自知罢了；第二部分和第三部分，已经能够意识到问题的存在；最后一部分，——最年老的时期——我们再一次陷入无所顾虑、一无所知的情况，在他人的眼中，我们再一次成为问题最多的人。孩童时期和最老年时期相比较而言，自然是截然不同的，但是它们之间也存在着共同点：即两者都陷入了一种无意识的心理状况中。既然说孩童的心理是由无意识发展而来的，虽说他们心理过程的情况很难探知，但是同那些年老的人相比，并不是那么难以觉察，原因在于，这些年老的人已经再次陷入了无意识中，接着又逐渐从无意识中消失。既然孩童期和老年期这两个人生阶段，在意识中都不存在什么问题，所以，在这里我也就不做讨论了。

第六章

论弗洛伊德和荣格的异同

寻求灵魂的现代人

Modern Man In Search Of A Soul

事实上关于我个人和弗洛伊德观点差别的问题，本来应该让一个没有受到这两者影响的第三者来讨论才较为恰当。我个人的态度足够公平吗？这个工作别人能够胜任吗？我表示质疑。假如有人告诉我，这个壮举已经有人完成了，其成果能够和闵希豪生男爵[①]相提并论，我有把握确信，这个人的观点肯定是从别人那里抄袭来的。

凡是那些能被大多数人接受的观念，肯定不可能是作者一个人创造出来的；相反地，他只能被看作是自己观念的随从。通常来说，一个观点被人奉为真理，必然有其特殊的地方。它们即便是在某一个特定的时代才产生，但是却没有时间性；它们均是生长于那一块具有滋生力和繁殖力的心理家园，在这一块田园里，短促的人类精神就如同

① 闵希豪生男爵（Baron Munchausen,1720—1797），德国乡绅，曾服役于俄国部队，擅于讲故事，《闵希豪生男爵的奇遇》、故事集《快活人手册》均是依据于他所讲的故事编纂而的。

一棵树，先是开花结果，接着凋落和灭亡。在这短暂的一生中，是不能将观念创造出来的。所以，不是我们创造了观念，而是观念创造了我们。

诚然，在我们接受观念或者传播观念的时候，忏悔是避免不了的，原因在于，人的长处和短处会被观念全部暴露出来。特别是在提到关于心理学观念时，更是这个样子。心理学的观点只能凭借人生的主观见解出现。我们在客观世界里所获取的经验，能去除主观成见的色彩吗？难道说每一种经验即便是在一种最为理想的状况下，不属于主观的解释更多吗？但是，主体自身其实也就是一种客观的事实，它仍旧是隶属于世界的一部分。只要是从主体产生出来的，也是从大地生出来的。就好比是那些百年难遇的奇珍异兽，同样也受到我们共同拥有的大地的孕育和滋养。事实上，能够算得上是最为真实的东西，只有那些与自然和生物本性最为接近的主观观念。但是，真理究竟是什么呢？

我们目的在于讨论心理学，我觉得最好还是放弃一个观念，即认为今天我们的初衷是为了讨论一种真正且没有错误的心理学。我们顶多只能就事论事。我所说的就事论事是指，推心置腹、事无巨细地说出我个人的意见。或许有些人自以为他在运用自己的方式来创造观念，他只看重其表达观念的形式；另外一些人则宣称，他自身只是一个“观察者”（observer），将自身所意识到的感受表达出来，坚持说这是主观带给他的。实际上，是应该介于这两者之间的。就事论事应该是把你观察到的进行组织，然后再表达出来。

其发展前景究竟会怎样，我们暂且不说，现代心理学自身应具有的容忍态度和表达的合理性，可以说与恰当的标准还是有距离的。目前我们的心理学，可以说只是对几个人的研究成果进行了综合。他们的表达形式各不相同。原因在于，一个人肯定会或多或少倾向于某一种类型，因此其成果也只能代表某一类人的观点。此外，既然说那些倾向于另一类型的人也代表了另一类人，我们自然可以说，它虽然应用的比例不高，但是仍具有合理性。弗洛伊德提出的性学说、幼儿享乐说、现实原则[①]冲突说以及乱伦说，等等，都是他将自己的研究心得，用自己的方式加以表述。他用适当的形式将个人的发现表达出来。我并不是弗洛伊德的反对者，我被加上这个称谓只是因为他本人及其门徒眼光都过于短浅。有经验的心理治疗学者都应有此认识，弗氏的理论与学说的确符合很多病例。就其将个人见解开诚布公于大众这个角度来看，他可说是促成了一项伟大的真理的降生。他曾经竭尽全力创造了一种能够将他个人的心血淋漓尽致地体现出来的心理学。

在判断事物的方法上面，因为我们每个人的处境都各不相同，所以方法也是仁者见仁智者见智。并且，由于其他的心理结构也存在着差别，因此对事物的看法和说法也难免会有所不同。弗氏最早期的门徒之一——阿德勒，便是最好的例子。他在研究时，和弗氏一样都凭借着相同的经验素材，但是对待事物的看法、观点方面，他和自己的老师有着特别大的不同。他判断事物的方法可以和弗氏媲美，原因在于，他也代表了一种著名的类型。我了解，对于我的观念，这两个门派的门徒都毫不留情地予以否定。但是我期望，历史与公德心能够在某一天替我作证。凭借我个人的拙见，这两大门派都对生命的病理部分进

① 现实原则，意为对环境的一种需求意识，并且让自身的行为尽可能与其要求相吻合，最终因得到本能需要的一种满足。这样看来，现实原则和享乐原则是共存的，也是“自我”遵从的原则。

行了过度的强调，在帮助人们做解析工作时，对人的缺陷过度重视，其实这样做是不应该的。关于这一点，弗氏没有办法了解宗教经验便是最简单的例子，这在他《幻觉的未来》（The Futire of Illusion）一书中，可以得到充分证明。

对于我个人来说，我倒喜欢从一个人的健全方面入手，这样病人就不会受到弗氏著作中那些观念的影响。因为弗氏大部分理论只是依据神经症的事实进行推敲研究得出来的，所以显得有些偏激，它的适用性自然也只局限于某一部分情况。弗氏的学说在这些范畴之内，仍具有自己的道理。虽然说他的学说避免不了差错和不足，但这些缺陷说到底同样也包含在他学说的整体中，这也表明了他态度的坦诚。归根结底，弗洛伊德的学说并不是讨论健全心理者的心理学。

弗洛伊德心理学的病态情结表现为他的学说只对那些没有被人指责过，甚至是隶属于无意识的世界进行观察，这样一来，就大大限制了人类的经验范围及其理解力。他从未对自己个人观念的假说或前提，提出过批判。实际上正像我上面提到的，我们通过推断可以知道，自我批判是必要的，因为，假如他站在批判的立场来研究自己的假说的话，那么他在《释梦》这本书里肯定就不会得出那么幼稚的结论。总而言之，他肯定也会像我一样尝遍苦果。我从不拒绝亲身体验那些充满哲理性批判的甘苦味道，但我向来保持小心翼翼、浅尝辄止的态度。那些不支持我的人或许会说，这也太过于小心了，但我的感觉却会说，这已经很多了。原因在于，人的天真常常容易被自我批判所毁坏，这种天真是一种价值连城的宝贝，一个没有创造力的人是不能够享有它的。

总的来说，哲理性的批判已经让我发现，每一种心理学都具有一定的主观色彩，我的心理学也包含在内。但是，我应该竭尽所能地避免自我批判毁灭我的创造力。我深刻地明白，我说的每一句话都包含着主观成分，我自己的历史背景以及特殊环境占了一定的原因。哪怕是在我谈论到经验性的资料时，我谈论到的同样是自己。我之所以对人类知识和学问有着贡献，就是因为我看出这种不可避免性，站在这层奉献的角度来看，弗洛伊德的期望也是这样，严苛地说，他的成就确实很多。学问不只是建立于真理之上，同时也是建立于错误之上。

或许就是凭借着这个原因，对于下面的事实，我们才有必要去弄明白：那些心理学说只要是由个人单独创造出来的，避免不了会带有主观色彩，而弗氏和我的差别尤为显著。

另外，我和他不同的一点在于，我尽可能避免受那些无意识以及没有受到批评的假说的影响。没有人敢断定有方法免去所有无意识的假说，这就是我说“我可能”的原因所在。我最起码是尽可能避免跌入极偏见的深渊，所以，我允许那些对人类心理可能产生影响的林林总总的神力的存在。不管我们是将自然的本能或冲动称为性欲还是权力意志（will to power），我都承认它们是人生中的推动力且经常相互冲突。既然这样，那么我们为何不用“精神”称呼这种东西呢？我至今仍不知道精神究竟是什么东西，除此之外，我也不知道本能究竟是什么东西。对于我来说，二者都具有神秘性，但是我肯定不能用其中的一个来否认另外一个的存在啊！如果这样做，那便是大错特错了。世界上只有一个月亮这一说法，并非是错误的。从人们所谓的“理解”中才能找到误解，误解不会存在于自然界本身中。当然，本能和精神并不是我所能理解的。我们只能将其看作是无法为人们所知的强大力量的代表。

显然，我觉得每一种宗教都存在着其特殊的价值。我发现在它们的象征意象中，那些人物同我从病人梦中和幻想中所发现的人物相比，极为相似。站在其道德教义的角度，我觉得病人凭借着自身的见识或者灵感去追寻内在生活时所付出的勤勉，就等于是其目的。对于各式各样的祭典、入会礼以及苦修等杂乱繁琐的形式和种类，我都有着浓厚的兴趣。原因在于，通过这许许多多的手法，我就能够找出它们和内在生活力量的关联。同时我也觉得，生物学和一般自然科学的经验，都具有着非常大的价值，凭借着这些东西，我发现了另外一种通过外在世界对人类进行研究、了解以及探讨的有效方法。我也把诺斯替教[①]当作是——从相反的角度看，具有同样珍贵价值的东西，我们可以从内心获得很多和宇宙相关的知识。对于世界来说，我个人的看法是，不仅其外在范围特别广阔，其内在的范围同样也特别广大，人便介于这两者之间，有时内在，有时外在。除此外，更常依据自身的情绪或性情肯定其中一个，而将另外一个否定或者牺牲掉。

这种说法当然是假设性的，但因为它的价值非常大，所以我不想放弃。就启发性和经验性这两个方面来看，它都有其道理，并且也是众人所公认的事实。虽说我能够想象我的灵感来源于经验，但这一假设的确是源于我的内心。依据这个假设，我推论出了自己的类型理论，并且对我要常常向自己的不同的观念妥协，就像和弗洛伊德的一样。

① 罗马帝国时期神秘主义教派的统称，曾在地中海东部沿岸流行。

我发觉，世界上的万事万物都是成对出现的，依据这个看法，我又领悟出了心理能量的观念。我认为心理能量和物理能量有冷有热、有高有低的差别的道理是相同的，也有成对出现的现象。弗洛伊德最开始的时候，只知道心理唯一的推动力是性欲，到后来我与他决裂了，他才不得不承认其他的心理活动也有着一定的地位。我曾依据能量的说法，为了避免一种只探讨动力或冲动的武断的心理学，就把各种动力或推力进行了详细分组。所以，我所谈论的动力或推力是“价值强度”（value intensities）的问题，并不是个别存在的。我上面提到的那些，并非要否认性欲在心理生活中的关键性，虽然弗洛伊德曾再三声称我的确已经否定了它的重要性。我的意图不过是想借此遏制住眼前这种用“性”这个词来以点带面的趋势，所有人类心理的讨论都被这种现象给打消了，我期望在这里能够将性欲放在一个恰当的位置上。依据于常识，我们可以判断出，性欲只不过是一切生命本能之——很多心理和生理的功能之一罢了，虽然说这个功能存在着自身深远的影响力。

不难看出，人类如今在性生活领域，确实已经出现了一片混乱。我们都知道当牙疼的时候,我们必然是痛到没有心思去考虑别的事情。弗氏所谓的性欲理论是一个病人需要被迫或是被诱导修正自身错误态度所形成的，显然，它指的是对于性抑制的过度渲染；正常发展的大门只要一经开启，它自然就会马上回归正常。那是一种向其双亲和亲戚的反抗现象，一种陷入令人厌烦的、让其生命力受到阻碍的家族关系现象。这种受阻现象便是常见的所谓的“幼儿性欲说”。事实上，真正的原因是某种完全属于另一种生活领域的不自然紧张表现，而不是因为性欲受阻。事实既然是这样，这个洪水奔流的地方我们又何须再恋恋不舍呢？比起在泛滥的洪水中乘船逃命，倒不如去开凿其他的排水渠道。为了宣泄这些堵塞的能量，我们应该想办法寻找到一种态度上的改变，抑或是一种崭新的生活方式。如果这个目的没有办法实现，肯定就会导致一种恶性循环，这就是弗氏心理学指出的危机。此种情况，会使人类无法超越那些不易变动的生物性上的循环。这一绝望必然会让人们不得不像保罗那样大声呼喊："我罪孽深重，究竟谁能够替我解脱啊？"于是，我们中间的圣者便会走过去，摇着脑袋，仿效浮士德的口气说道："你们难道只了解一种推动力吗？"那就是你与你的父母亲，或你与你的后代的血肉关系束缚——和以前以及今后血亲的"乱伦"，这也就是家族关系延续的原罪。除了生命的另外一种推力，也就是精神力外，想要免除这一束缚，便再也没有其余的方法了。那是不受束缚的"上帝之子"，而不是肉体的派生。

巴拉赫的《死亡之日》(Der Tote Tag)是关于家族生活的悲剧小说，其中母鬼最终说道："人们都不知道，他们的父亲其实就是上帝，这是最为怪异的事情。"这个道理就是弗洛伊德永远不可能知道的，也是所有和他拥有相同观点的人不愿意去了解的事情。他们最起码欠缺一把能够走向这一真理的钥匙。对于一个只寻找窍门的人来说，神学是完全派不上用场的，神学讲求的是诚心，而想要凭空制造诚心是没有办法实现的，它彻彻底底都是源于上帝的一种赐予。我们现代人面临着的是一种重新找回精神生活的需要，我们需要重新亲自去体验。这是我唯一能够摒弃在生物性循环上所受到的束缚力的方法。

这就是我与弗洛伊德观念的第三个不同之处。所以，就有人批评我是一个神秘主义者。我并不是说，宗教的表达形式无论何时何地人们都可以自然地培育出来，更不是说，远在太古洪荒时代，人类的心理就存在着宗教感和宗教观念。我想说的是，凡是没有办法洞察人类心理此一道理的人，可称得上是缺少觉察力，而试图将其否认或遮掩的人，可谓是缺乏认识事实真相的能力。从弗洛伊德本人和其学派所创建的“恋母情结”（Oedipus complex）中，难道我们还能找到任何能解除这根深蒂固的家族关系的珍贵证据吗？他们凭借着过分的固执和敏感，为“恋母情结”进行难以想象的辩护，事实上可以说是对宗教性质产生了误解，且为它遮上了一件外衣，这才是凭借着生物学和家族关系的手段所表达出来的神秘主义。至于弗洛伊德“超我”的观点，也只能看作是一种要窃取向来备受尊崇的耶和华意象的意图，接着再披上心理学理论的外衣罢了。如果一个人这样做了，他最好的做法还是公开承认。站在我个人的角度来看，我在叙述一件事物的时候，往往倾向于依照大多数人都知道的名称。

历史是不会开倒车的，人类从原始的入会礼到如今精神生活的发展，是不应该被抹掉的。科学竭尽全力对其研究进行分门别类，将其有限的假说创建起来，也只有这样，科学才能够取得成就。但是人类的心理不能与其一概而论。它是一种包容意识的整体物，同时也是意识之母。因为科学只是其众多功能之一，所以也就没有办法穷尽生命的奥秘。心理学治疗的学者不应当让他的愿望戴上病理学的有色眼镜；他应该记住，病态的心理是一种人类的心理，虽说它是一种病态，但仍是人类精神生活整体中的一份子。心理治疗的学者应该承认，自我和整体挣脱了联系，并且也与人类和精神断了联系，这就是它的病因所在。就如同弗洛伊德在他《自我与本我》（Ego and Id）一书中所表述的那样，自我确实是“恐惧之地”，不过那也只是在本能没有办法回到它“父亲”和“母亲”（也就是精神和本性）时。在谈论到尼科迪墨斯时，弗洛伊德遇到了难题：“一个人是不是存在着再次进入母亲的子宫中再被生出来的可能？”对于这种情况，我们自然能够说，这等于是历史重新上演了，因为在现代心理学的争论中，这种问题不会再次出现了。

入会礼仪式几千年以来，教给我们的都是精神再生。但怪异的是，崇高的生殖意义却被人们多次忘却。这肯定不是一种强健精神生活的证明，但是误解的现象在今天却愈演愈烈，认为这不过是一种神经病似的沦落、一种痛楚的加重以及一种萎缩和没有思想的现象。想要将精神摒弃在门外不是很难的事，但如果我们将其驱赶出去，人生必然会变得毫无乐趣。好在我们能够证明，精神的力量最终都会恢复，原因在于，古时候的入会礼仪式及其教义已经代代传承了下来。人类会再一次屹立起来，并且再一次认识到上帝就是我们的父亲这一个道理。人类亦不会失去身体和精神的平衡。

基本假说是弗洛伊德与我最主要的差异所在。假说既然是没有办法避开的，那么我们就不应该故意撒谎说没有任何的假说。这就是我认为对基本问题有探讨必要性的原因。大家可以从这些问题出发，以便更好地认识到弗氏和我之间的很多差异。

第七章

古代人

寻求灵魂的现代人

Modern Man In Search Of A Soul

archaic 一词的意思是原始的、根本的。因为对如今的文明人做任何有意义的评价不仅非常困难，并且劳而无益，所以我们还是谈论古代人比较好。我们首先尽可能保留客观的余地，但是实际上，我们和原始人是相同的，也没有办法避免跌入猜疑的漩涡，或者是避免不被某一些成见所蒙蔽。谈及古代人，我们同他们的时间差距的确是很长，在智力上我们也和他们存在着差别。所以，我们最好能坚持超脱的立场，以便能够瞭望他们的世界，认识他们对世界意义的观点。

上面的一段话可以说是替本文即将探讨的题目确立了界限。虽然只涉及到了古代人的心理生活，但在这有限的篇幅中，我也没有办法将它非常清楚地叙述出来。我尽量采取概括论述的方法，至于人类学在原始种族方面的新发现，我不准备将其纳入讨论范畴。一般情况下，在谈论到某种人时，我们没有必要在解剖学上面认识他们的头颅形状或者肤色，只需要涉及到他们的心理世界、意识状态以及生活方式。这些题材均包含在心理学之内，在这里我们主要谈论原始人或者是古代人的心理。虽说有这个界限存在，但是实际上，主题已经被我们拓宽了，因为并非只有原始人的心理运作方式才能称得上是古代的。现今的文明人同样也有这些方式，并且，对现代社会生活来说，这些特性的出现并不仅仅是“返祖现象”（throwbacks）。相反地，每一种文明人,不论其意识的进展是怎样,古代人的特性仍保留在他心理的深处。就像人体和哺乳动物所具有的相关性，以及很多需要追溯到爬行动物时期的早期进化阶段所留存下来的残余特征一样，人类的心理同样也是进化的产物，假如我们去溯寻其源头的话，会发现它仍体现出很多的古代特征。

在我们首次接触到原始部落，或在一些科学性的著作中看到关于原始人心理的文章时，难免会对古代人的荒诞特色留下深刻的印象。在研究原始社会学方面，莱维·布律尔便是一位权威，但他还是一遍又一遍地让大家注意，原始人的“前逻辑”（pre-logic）心理状态与我们的意识观之间的显著区别所在。作为一个文明人，他感到最为难以想象的是，原始人为什么会忽略经验教训，为什么会不考虑事物间的因果关系，一些属于意外或者自然发生的事件为什么被他们解释成“集体表象”（collective representations）的必然现象呢？莱维·布律尔所说的“集体表象”，指的是那些普遍被人所接受、不言而喻的真理，比如说关于精灵、巫术、以及药草效力等原始的观念。因为年老或者重病去世是非常自然的现象，这在我们眼中是很容易理解的，但原始人却并不这样认为。他并不相信老人的死亡是年龄之故。他辩称很多人的年龄都要更大。他同样觉得世界上不存在因为疾病而死亡的人，很多人都患了一样的病，但却得以康复，并且也有不少人从来就没有患过这种病。他认为，只有依据魔法，才能够解释清楚这些现象。杀死他的是精灵或巫术。很多原始的民族都觉得，最自然的死亡仅存在战争中。但也有人认为在战争中死亡的人是不正常的，在他们看来，是巫师，或是贴有符咒的武器杀死了自己。很多时候，诸如此类的奇怪思想会让人觉得难以想象。比如说，有一次人们在一只被欧洲人射死的鳄鱼的腹中，发现了两个脚镯，当地的原住民辨认出这两个脚镯是两位妇女的，两者不久前被鳄鱼吞入肚中，于是众人想到了巫术。在一个欧洲人眼中，对这种自然发生的事情，必然不会产生什么疑惑，但是当地人在解释它的时候，运用了莱维・布律尔所谓的“集体表象”的猜测法。当地人说，事发之前，那个不知名的巫师将鳄鱼叫到了自己面前，吩咐它把那两个妇人领过来，鳄鱼便听命行事。但是从鳄鱼的肚子里拿出来的脚镯应该怎么解释呢？当地人又表示，鳄鱼是从来都不吃人的，除非是受到某个人的命令，脚镯就是鳄鱼替巫师办事所获得的酬劳。

运用奇异的解说事物的方法来表明“前逻辑”的心理状态，这个故事可以称得上是最好的例子。这种解释法的确是非常不合乎逻辑的，这也就是我们将其叫作“前逻辑”的原因。因为我们判断事物利用的假说同原始人相比起来，大相径庭，所以我们才会感到非常惊奇。假如我们和他们一样，相信巫师和神秘力量，而对所谓的自然因果律表示怀疑，那么我们就会认为他们的推理方法是水到渠成的事情了。

实际上，原始人同我们相比，并没有更具有逻辑性或者更缺少逻辑性。他们和我们的差异所在，是前提预设的不同，即和我们相比，他们的思想和行为的出发点不一样。他们将所有不正常的、扰人心绪的、恐惧的事物的原因都归罪于我们所谓的超自然。这些事物在他们看来，自然不属于超自然的东西，恰恰相反，是属于他们经验世界里的东西。在我们说一个房子之所以被烧毁，是因为遭到了闪电侵袭时，我们内心自然知道，这件事情存在着自然因果关系；在原始人说那个房子之所以被烧毁，是因为巫师利用了闪电引火时，他们同样觉得这是非常自然的解释法。在原始人的经验中，即便是非常不正常或是极其奇异的事物，也是能够运用相似的理由去解释的。在某种程度上，他们的解释法和我们所用的方法特别类似：他们从来都不会批判自己的猜测。他们认为，人生病或遭遇其他不幸都是精灵或巫术造成的，对他们而言，这是毋庸置疑的真理；当然，同样我们也认为，人生病必然有其自身的原因。就好像我们不会将其归罪于巫术，他们也不会将其归罪于自然因果律，道理是一样的。他们的心理活动同我们相比，差别并不大。不一样的只不过在于假设罢了。

我们一般认为，原始人的感觉同我们相比，存在着不同，他们同样也有不一样的道德观，这也是我们和“前逻辑”状态存在着差别的部分。毋庸置疑，他们的道德法则与我们的确存在着差别。一次，当问到一个黑人酋长怎样区分善与恶时，他说道：“我偷盗了敌人的妻子是善的，但假如他偷盗了我的妻子就是恶的。”有不少地区的人都觉得，踩踏别人的影子是一种侮辱，如果割破豹子皮时用铁刀而不用燧石刀，在另外的地方将被看作是不可饶恕的罪过。不过，暂且让我们来说一句公道话，难道我们不是认为用钢刀吃鱼、在屋子里不脱帽以及口衔雪茄迎接女士等行为是错误的吗？我们和原始人都明白，诸如这类事和伦理并没有关系。有很多人赤胆忠心、一心一意捕获敌人将领的首级，更有一部分人，用一种非常虔诚和问心无愧的态度实行惨绝人寰的仪式，或怀着宗教的信条进行谋杀！实际上，对一种伦理态度的评价，原始人和我们相差无几。他们脑海中的善恶观念同我们是一样的，差别仅仅是善恶的表现形式不一样，其伦理评价的过程都是相同的。

除此之外，也有人觉得，同我们相比，原始人的感觉器官更加敏感，或是某一些方面与我们的有所区别。但是，原始人那种经过高度锻炼的方向辨别感或者听觉和视觉，完全是由于其职业的问题。他的感官倘若遇到了完全不熟悉的状况，便会格外缓慢和拙笨。我有一次给几个眼光敏锐的土著猎人拿了一本杂志，上面的人物画像，即便是小孩子也不难辨别出来。图画被他们颠来倒去地观察，过了很长时间，其中一人才用手指描摹着人物图片的轮廓，大喊道："这些都是白人。"紧接着其他人也跟着一起欢跃，仿佛有了什么非常重大的发现。

不少土著人拥有的那种方向辨别感实际上是练习产生的结果。在他们置身树林或沼泽地中时，这尤其需要。即便是一个欧洲人，他在非洲居住过一段时间后，也往往会发觉到自己之前做梦都不会关注到的事情；进入大片森林时，即使没有带罗盘针，也不用担心迷路。

事实上，我们根本无法找到能够证明原始人的思想、感觉或领悟力和我们的有根本不同的证据。不同的只不过是基本假设罢了，他们的心理功能和我们相比，其实是一样的。和我们相比，他们的意识范围更狭窄，比较低的或者是完全没有办法集中意志力等事实，相对来说不是那么重要。特别是关乎意志集中力，这让欧洲人感到特别惊讶。

比如，一般来说，他们是无法做到和我们持续进行两个小时以上的谈话的，因为，他们总会说自己已经筋疲力尽了。他们认为这样做太艰难了，但是实际上，我仅仅是问了他们一些很容易的问题。但是他们在外出捕猎或者旅游时，又显示出令人讶异的集中力和耐力。比如说，那个给我送信的邮差能够一口气跑七十五英里。除此之外，我曾经见过一个已经怀胎半年的妇女，背着一个孩子，嘴巴里叼着一根烟斗，围着一堆篝火，在华氏九十五度下跳了一晚上的舞蹈，但她却并不觉得疲惫。很显然，对自己感兴趣的事情，原始人就特别善于集中意志力。同样，假如让我们去做自己没有兴趣的事情，我们的集中力也会很薄弱。我们和他们其实是一样的，完全依据于情绪来决定。

原始人同我们相比，在判断善恶时，头脑确实要更为简单、稚嫩。这并不会让我们觉得惊讶。可一旦当我们和原始社会相接触时，心里面就会升腾起某种不熟悉的感觉。依据我个人分析研究的成果，这种感觉产生的主要原因，原始人的基本假设和我们存在着差别——可以说他们生活的世界和我们是不同的。在我们没有弄清楚他们的假设之前，他们仍然是很难解开的谜题，但是在我们明了之后，所有的问题就将变得容易了。甚至于我们可以说，我们只要能弄明白自己的假定，原始人将不再是一个谜题了。

依据我们理性的假定，任何事物都有着其自然律和能够觉察出来的原因。对此我们坚信不疑。我们最为神圣的信条之一便是诸如这样的因果律。我们在自己的世界中，是不允许任何无形的、独断的以及所谓的超自然的力量存在的，除了随着当今物理学家的脚步，我们在对原子的微妙世界进行观察时，的确发现了某种奇怪的现象。然而那些事情还特别遥远。对于那些无形的、专断力的观念，我们仍旧非常抵制，原因在于，不久前我们才打造出一个理性的意识宇宙，那个充满着梦幻和迷信的吓人的世界，我们也不过是刚刚摆脱掉，这是最近人类最为卓越的成就。目前我们生活的世界，仍是要牢记住理性法则。当然所有事物的因果，我们仍没有办法洞察，但那仅仅是时间的问题，随着推理能力的增强，我们最终将会完成。这就是我们的期望，原始人将自身的假定看作是理所当然的，我们也是如此，我们也将其看作是顺理成章的。偶然的事件仍会出现，但这些终究都是不常见的，况且我们也相信，它们自身必然存在着某种因果律。喜欢井然秩序的人难免会讨厌偶发事件。其往往会促使某些能够预期的平常事件失去常态，因此让人觉得哭笑不得。无形力和偶发事件都会让我们感到厌恶，因为它们总会让人觉得好像有某种鬼魅或者外在神灵的干涉。当我们深思熟虑时，这些都会成为对我们的行动不利的坏人，无时无刻不存在威胁。它们同理性原则相背离，确实讨厌，但其应有的重要性，我们不应该忽视掉。阿拉伯人比我们更信仰它们。Insha-allah（假如安拉准许的话），这样一句话会附在他们的每一封信上，好像只有这样做，信才能够被送达一样。虽然说我们不想遇到偶然事件，虽然很多事情都按照常理而行进着，但不得不承认的是，我们确实时时刻刻被意外事件支配着。这个世界上存在比意外事件更不容易看见、更独断的事件吗？还有更加无法避免、更令人厌恶的事件吗？

对于这件事情，假如我们认真进行研究的话，便会说，所有按照常理发生的事件，因果律只能说明其中的一半，意外的魔鬼则完全左右了另外的一半。意外事件仍有着它们自然的因果律，并且我们经常悲哀地发现，这些因果律也是屡见不鲜的。我们觉得厌烦是因为它们经常在我们身边专断地发生，并非因为我们丝毫不知道意外事件的原因。这就是烦扰到我们的地方。意外事件是让人觉得恼怒的，即便是一个地道的理性主义者，同样也要情绪化地对其进行控诉。不管对于它，我们怎样去解释，仍旧避免不了要或多或少受到其影响。一个人的现实条件越是受到规律的限制，对于意外事件的发生，他也一定会更加抗拒，而实际上，我们是不应该同它相对抗的。无论如何，每一个人都明白意外无时无刻不在发生，甚至于我们对它们有所依赖，虽然说正式的信条对这种依赖并不鼓励。

所以，我们更深一步的假定应该是，任何事情都有其自然律或是能够察觉出来的因果律。相反，原始人反倒是假设任何事情都是由某种无形的独断的力量所促成，换句话来说，任何事情都是意外的，只不过他们将其叫作意旨，而不是意外。在他们眼中，自然因果律是微不足道的，仅仅是表象罢了。假如有三个妇女去河边打水，鳄鱼将其中之一拖入水中，一般我们的判断将是，被拖下水的妇女，仅仅是一种巧合。在我们眼中，她被鳄鱼抓走纯粹是非常自然的事情，因为，鳄鱼确实经常吃人。但原始人却认为，这种解释完全背离了事实的真相，无法为这一事件进行全盘的说明。他们觉得，我们的看法是浅显的、好笑的，事实上，他们的这种说法也有其自身的道理，因为，假如这件意外事情没有发生，一样的解说法也适用。因为存有成见，所以欧洲人无法了解自己的解说有多么贫乏。

原始人追寻另外一种解释法。在他们眼中，我们所谓的意外是一种绝对的力量。这样一来，我们就能够说，鳄鱼的意图——正如每个人都看见的那样——将站在最中间的妇女抓走了。如果没有这个意图，它有可能就去抓另外一个妇女。但是它有这个意图的原因是什么呢?通常来说，这种动物很少吃人。这种说法是无误的，它的精准性就好比是撒哈拉沙漠不降雨。鳄鱼的确是一种胆小且容易受到惊吓的小动物。从它咬死人的数量来看，可谓屈指可数，而说吞掉一个人的事情确实是难以想象又很少见的。对于这件事情，就有必要进行特别的解说了。鳄鱼主动咬死人是不可能的。所以，到底是谁指使它这样去做的呢?

一般来说，原始人做判断的方法均是依据于他对于周围世界的观察所得出的结论。一旦发生了意外的事情，他自然会非常吃惊，因此就立刻想要对其特殊的原因进行追究。从这一点来说，他的做法和我们非常相像。不过他比我们还深一步。他对意外事件的绝对力量理论不只有一种。我们会说那只是巧合罢了，他却会说那绝对是一种预谋。他在因果关系的连续过程中，对于那些混乱和超越常规的部分尤其强调，那些是例外事件，没有办法利用科学因果律进行解释。长久以来他都习惯于依据常理而运行的自然；他害怕那些没有办法预测以及由于某种绝对力而发生的意外事件。他的这种想法是正确的。我们要明白为何凡是不平常的事情都应当让他感到惊慌。

在埃尔贡山区，我曾经住过很长一段时间，有很多穿山甲在那里。穿山甲是一种夜行的动物，很少见且怕生。如果有人在白天看见了它，当地人就会将其看作是极不正常的事，其讶异的程度不亚于我们发现一条小河从低处向高处流。但是，如果我们很早就明白那是由于水忽然间超越了地心引力的话，也不会降低对这件事情的恐慌。我们都明白，当我们被大水包围，并且引力已无法控制水的话，会导致何种骇人的后果。这就是原始人期盼中的外在世界。对于穿山甲，他非常了解，不过一旦偶尔有一只将自然法则破坏后，他就有必要采取相应的措施。对于事物原本的样子，原始人极为熟悉，所以毁坏其世界法则的任何事件都会让他觉得忧心如焚，危险重重。

诸如上面的意外就是一种预兆和凶兆，它的严重性类似于彗星或日月食。他会觉得，在白天看见穿山甲，肯定和自然法则相违背，在这背后必然存在着某种无形的力量。这种对自然法则会造成破坏的骇人现象，自然要有特殊的处置法和自卫法。他应当召集附近的村民，不顾一切地将穿山甲挖出来，然后把它杀掉。如果看见穿山甲的是一个男人，那么他最年长的舅舅就有必要去杀死一头牛来祭祀神灵。那个男人应当进入兽穴中，吃第一口肉，紧接着他的舅舅和其他观礼的人也要跟着吃。只有这样去做，才能够消除大自然吓人的恶作剧。

如果我们平白无故地看见河流从低处往高处流，肯定会觉得非常吃惊。但是，如果我们在白天看见了穿山甲，或一位白化病人降生了，或出现了日食月食，我们就不会觉得奇怪。关于这类事物的意义及其发生原理，我们有一定的认识，但是原始人并不了解。他与自己的族人们向来都是遵循着一般事物的原则而生活。所以他特别守旧，其他人如何去做，他就如何去做。不管在哪里，只要忽然间发生了一件违背常理的事情，他就会觉得井井有条的世界正在被毁坏。紧接着任何事情都有可能会发生，没有人知道会有多少。他将一切比较特殊的事情，都一概而论，并觉得这中间必然存在着某种联系。比如说，一个牧师在自己门前竖立了一个旗杆，为的是方便在星期天升英国国旗。这种举动非常单纯，却让人觉得讨厌。没过多久，一场不是人力所能抵抗的暴风来袭了，大家觉得这都是旗杆招惹的祸端。于是，这件事情就构成了反抗那个牧师的缘由。原始人觉得，只有生活在日常事物的世界里面，才会有安全感。对于他们来说，只要是超越了常规的事情，似乎都存在着某种威胁，它不仅仅毁坏了事物的常理，并且也是一种坏事将要出现的凶兆。

我们早就把先人们对世界的看法，忘得干干净净，难免会将此种情况视作是极为好笑的事情。一只刚刚出生的小牛，有两个头和五条腿。临近村子的一只公鸡下了蛋。一个老婆婆做了一个梦。天空中出现了一颗彗星，附近的城里出现了一场大火，第二年爆发了一场战争。从远古到近代的十八世纪，诸如这样的记载都不足为奇。对于我们来说，这种交相并列的事实根本就没有任何意义，但是对原始人而言，却是极为重要的，也是极为信服的。这是让我们无法想象的观念，然而却非常有道理。他们的观察力是靠得住的。他们通过几十年的老经验得知，情形就是这样的。那些我们觉得只不过是由一大堆没有任何意义和完全偶然的巧合所构成的东西，是因为我们仅仅注意到了单一事物的本身以及其原因，而原始人却将其看作是符合逻辑秩序的序列，具有指导意义。他们觉得那完全是一种前后过程一致，由于某一种超人的力量所导致的骇人的现象。

拥有两个头颅的小牛之所以与战争是一样的东西，原因在于，小牛的降生预示了战争的降临。其间的关联，原始人觉得是没有任何问题的、能够相信的，因为在他们的世界中，意外的恶作剧相对于那些按照常理发生的事情，更为关键。我们应当谢谢他们早就提示我们去注意：也就是那些不平常的事情，往往都是接二连三、分组成群到来的。每一个从事临床实验的医师常常会遇见病例复现原则。维尔茨堡（W ü rzburg）大学有一位精神病学老教授，在提到一个很少见到的病例时，常常喜欢说：“先生们，这个病例是非常独特的，但是我们在今后肯定还会遇见类似的。”在过去的八九年间，我在一所精神病院行医时，也常常说过一样的话。以前有一个病人患了意识模糊病（twilight-state of consciousness），这是一种非常少见的病。两天之后，我又遇到了一个相似的病例，但这次是最后一次了。对于医生来说，“病例复现”是诊断中经常会出现的笑话，却也是从古至今原始科学的一个事实。近来有一个研究者说出了一个论断：“幻术乃是丛林的科学。”显然，星相学和其他各式各样的占卜法可谓是古代的科学。

每天照常发生的事情不难被觉察的原因在于，事先我们在心理上都有所准备。我们只有很难探究事情发生的原因时，知识和技巧才有被运用到的需要。通常来说，部落里面最聪慧的人承担着观察判断事物的职责。他应当具备足以解释所有不正常事物的知识以及清楚探究它们的办法。在意外巧合方面，他是学者和专家，同时也是自己部落所有传统学问的保有者。他在畏惧和佩服气氛的包围下，拥有着至高的威严，但假如他的部落里有人私底下知道在附近的村子里，有一个人比他更无所不能，他就不会显得如此崇高了。一般说来，就近往往很难找到最有效的药，反倒是越远越好。以前我在一个部落里面待了很长的一段时间，有一个老巫医，他们非常敬仰他。但是，他们也只是偶尔才请他替人或牛治疗一些小病罢了。遇到了比较危急的病情，他们还是会到其他的村子里另请名医，花很多钱将一个住在遥远的乌干达的巫师（M’ganga）请过来，这一点同我们的境况特别相像。

意外巧合组合出现的数量多少并不确定。一个久远的、屡试不爽的预测天气法——大雨只要是连续不断地下了很多天，那么明天肯定也会下雨。俗话说："灾患重生。"或者是说："不雨则已，一雨倾盆。"诸如此类的谚语就是最为原始的科学。普通人相信且敬畏它们，接受过教育的人则会嘲笑之——直到他碰到了不正常的事情。姑且让我用一个让人无法相信的例子来说明好了。我认识一个妇女，有天早上，她忽然被桌子上发出的叮当声惊醒。她环顾了一下周围，原来是一个大玻璃杯碎掉了，正好裂了四分之一英寸的宽度。她惊讶过后，就立刻按铃，又要来了新的杯子。大约过了五分钟，她再次听见了一样的叮当声，玻璃杯再一次碎裂了。这个时候她的心情更慌张了，然后她又要了第三个杯子。过了二十分钟，杯子再一次碎裂。三个同样的意外事件接连不断地出现，这对于她的影响是非常大的。她当时就抛弃了自然因果律的信仰，然后将所谓的"集体表象"拿了出来——她开始认为存在着某种绝对力在背后捣鬼了。诸如此类的事情，很多现代人也都曾经遇到过——只要不是过于固执——特别是在他们遇到没有办法利用自然因果律解释得通的巧合事件时。一般来说，我们都试图否认诸如此类事件。它们让人觉得讨厌的原因在于，这个井然有序的世界，经常会被它们弄得翻天覆地，且让人心忧如焚。它们对我们的影响表明，我们的原始心理至今都是存在的。

众所周知，对于绝对力的信仰，原始人是基于经验基础之上的，而不是凭空而来。我们所谓的迷信能够从它们集中在一块的巧合事件中，得到证明。在时间和地点上，不正常的事件有时确实很可能出现巧合。我们应该谨记一点，那便是，我们的经验并不是靠得住的。我们没有做到充分观察，所以它们被忽视，所以我们的判断就不适当了。

比如说，在我们情绪非常不好的时候，下面的事情，我们就肯定不会将其视为理所当然的：早晨时，你的屋子里飞进来一只小鸟，过了一个小时，你在街上目睹了一场车祸，下午的时候，你的一个亲戚去世了，晚上，你的厨师打翻了汤碗，到了深夜，你又发现自己丢了钥匙。这其中的每一件事情，原始人都不会忽视掉，因为他觉得，每一件事情的出现恰巧和他的预想相契合。他是正确的，并且同我们愿意承认的相比起来，更加有道理。他的预期得到了证明，同时也实现了目的。他指出，这是一个糟糕的日子，他在这一天，任何事情都不能去做。在今天，我们在面对相同的事情时，肯定会将其斥责为不能被原谅的迷信，但原始人却把它们看作是理所当然的事情。在原始社会里面，人们更加容易被意外巧合骚扰，而我们今天的生活，就是属于比较有计划和规律的生活。当你处在荒野之中时，是不敢去尝试过度的冒险的。其意义欧洲人很容易了解。

对于一个普韦布洛印第安人（Pueblo India）来说，当他心中觉得有些不对劲时，就不会再去参加集会了。一个古罗马人在离开家时，在门槛上面摔跤了，他就会立刻取消当天的计划。在我们眼中，这些都是没有任何意义的，但是原始人所处的那种生活境况，这些预兆都难免会引起他们的警惕之心。在我不能对自己进行很好的控制时，某种东西仿佛就在支配着我的身体行动；我的注意力无法集中，有些三心二意；我就会因为碰到东西而摔跤，将东西忘记或者弄丢。这些事情在文明社会里，只是一些微不足道的小事罢了；但是若处于原始森林里面，就是非常致命的危机。一座小桥非常湿滑，而且下面有很多鳄鱼，假如在这座小桥上失足，就是一件非常危险的事情。假如我在遍布野草的荒野弄丢了罗盘，或是忘记给步枪装上子弹，恰巧又在从林中遇到了犀牛。假如我正在思考事情，我极有可能踩到一条有毒的蛇。假如我在晚上没有及时穿上防蚊靴，过了十一天，就很有可能因为赤道疟疾而死亡。洗澡时，我忘记合上嘴巴，就极有可能感染上致命的痢疾。对于我们而言，注意力的不集中确实是容易产生此类事件。但是在原始人看来，在外物或者是巫术的影响下，才导致了这些意外巧合。

但是，或许这并不只是一个漫不经心的问题。卡布拉斯森林位于埃尔贡山区南部的基多希地区，我以前去过那里旅行。森林中荒无人烟、杂草丛生，我差一点就踩到了一条毒蛇，好在及时地躲开了。同一天的下午，我的伙伴捕猎归来，脸色发白，四肢一直打战。原来在白蚁山上，一条长约七尺的南美眼镜蛇从他的背后扑过来，差一点就把他咬死。如果他在最后一刻没有用枪把它打死的话，肯定就会因此丧命。同一天晚上的九点钟，一群鬣狗袭击了我们的帐篷，在前一天晚上，这些狗已经将一个处于睡梦中的伙伴咬伤了。即便营火闪烁，这些狗还是跑进了厨师的屋子，迫使他大叫大嚷地翻越了围栏。从此之后，我们整个旅行就安然无恙了。就这样一天的意外事件，已经足够给和我们结伴而行的黑人提供话题了。我们觉得，那仅仅是几件接连而至的意外事件罢了，但他们非要说，在旅行的第一天我们进入荒山中曾碰到的征兆，就是导致这些意外发生的原因。

那一天，我们在尝试穿越一条河流时，人和车都掉了进去。当场几个领路的孩子相互之间便传了眼色，隐含的意思好像是说："哈！这可真算得上是个好预兆！"始料不及的是，我们遭遇了一场赤道的暴风雨，我们每个人都被浇成落汤鸡后，我就发烧了，并且接连休息了好多天才恢复健康。在我同伴捕猎归来差一点丧命的那天晚上，我们几个白人坐在一起相互之间瞪眼时，我情不自禁地向他说道："我觉得，这些不幸好像在很早之前就已经有了预兆。我们在苏黎世准备出发之前，你曾经跟我说过一个梦，你还记得吗？"那个噩梦很难让人忘记。在梦中，他身在非洲且正在捕猎，忽然间一条很大的眼镜蛇就袭击了他，他在恐惧中醒了过来。他因为这个梦而感到极其不安。因此他跟我坦白，这个梦就是一个凶兆，他预期在我们之间，有人会死亡。当然他的确曾猜测死的会是我，之所以会有这种假设，完全是因为我们向来都是期望"死的是别人"。但最终的结果是，他在一场非常严重的疟疾热病中死去了。

对于那些居住在没有毒蛇和疟蚊地区的人来说，将这个故事告诉他们是没有多少意义的。他肯定要绞尽脑汁去幻想，位于赤道附近的一个晚上，天空一片蔚蓝，周围是成片高高矗立的巨树，夜幕之下，有奇怪的声音从四周传来，一堆孤独的火苗，在火的旁边放着步枪架，除此之外，还有帐篷，从沼泽里面取出来的水已经烧开了，可以饮用，一个年老的非洲人在侃侃而谈："这不是人居住的地方，这是上帝的天堂。"在那个地方称王的并不是人类；大自然才是那里的王，那个国度是属于飞禽走兽、植物以及微生物的。人类只有身在这种地方，被这样的气氛所包围，才会知道那些只要换个不同环境就会被看作是笑柄的事情为何会成为重大事件的原因。原始人每天所要面对的，正是这样一个充满着无穷无尽的恶作剧力量的世界。他并不会把那些不正常的事情看作儿戏。他得出了结论："这个地方风水并不好。""今天不吉祥。"至于他说这些话是为了要避开什么灾难，谁能够猜得到呢？

“丛林的科学便是幻术。”或许一个预兆能立刻对事情的进展方向造成影响，或让你将所有计划都放弃，或更改你的初衷。原始人觉得偶然巧合的事情或许会接连而至，并且他们压根就不知道所谓的心理因果律，这就是这些现象产生的原因。今天我们很幸运，因为只重视单方面的自然因果律，我们知晓了如何对主观心理和客观自然的区别进行分辨。对于原始人来说，无论是主体，还是客体，都存在外在的世界中。当他碰到了某种特殊事情时，是事物本身吓人，而不是他受到了惊吓。这种超自然力（mana）带有魔力。我们觉得是想象力或者联想，在他眼中，却是某一种来源于外界的力量在无形中对他产生了影响。他的国家不是地理性的，也不是政治性的实体，只是一块充满了神话、信仰、思索以及感觉的领土罢了，但对于这些东西的效能，他本人却一窍不通。他的脑袋里填满了认为很多地方“不吉利”的惊惧。一个亡者的灵魂居住在某个地方或者是某棵树上；这个洞里面住着一个恶魔，所有接近它的人，都会被咬死；有一条大蟒蛇在山的另一旁；以前老国王的墓地便是那座小山坡；任何妇女只要靠近那个石头或那棵树，就肯定会怀孕；有一条蛇驻守着那个浅水滩；这棵耸入云霄的古树能够发出喊叫的声音。

关于心理学，原始人是一无所知的。心理活动的出现和它运作的方式均是客观且外在的。他梦中的一切，他都相信是真实的，所以他关注的对象自然就是梦。帮助我们背东西的是埃尔贡人，他们坚持说自己从来不做梦，做梦的只有巫师。于是，我咨询了巫师，他表示，自从英国侵略了他们的国家后，他就没有再做过梦了。他跟我说，他的父亲曾做了一个非常“大”的梦，梦见牛群在哪里走丢，母牛在哪里生下了小牛，什么时候会爆发战争或瘟疫什么时候会肆虐。但是只有当地的首长和司令才了解当下的一切，而他们什么也不知道。他同某些巴布亚人（Papuan）一样认同命运，后者相信，大多数鳄鱼都已经投奔了大不列颠政府。一个本地的犯人有一次在逃命的途中跨越河流，一条鳄鱼将其撕咬得鲜血淋漓。因此他们就觉得，那条鳄鱼是一个警察。他跟我说，因为英国人现在手握大权，所以如今上帝已经不再给埃尔贡人的巫医托梦了，他只出现在英国人的梦境中。梦境已经迁移到了其他的地方。同样，当地土著人的灵魂也经常会飘荡到其他的地方，这个时候，巫医们就会像抓鸟一样将其抓回来，然后关在鸟笼里面；有的时候，也会有陌生的魂灵跑到他们的村子，病菌就出现了。

这种把心理活动进行投射而产生的结果，便自然地使得人和人之间或者人和动物、事物之间产生了一种在我们眼中难以想象的关系。一条鳄鱼被一个白人打死了，消息散播开来后，附近的村子里立刻来了一大堆人，要他赔罪。他们表示，那条鳄鱼其实就是他们村里的一个老太太，在他开枪的那一刻，老太太恰巧去世了。一只豹子被另外一个人杀死了，原因是他喂养的一头牛快要被它吃了，恰巧当时附近的村子里一个妇女去世了，她和那个豹子于是又成了同一个物体。为了表达这些关系，莱维・布律尔曾经创建了"神秘参与"（participation mystique）这个词。关于"mystique"这个字，我反倒觉得不太恰当。原始人将这些事视为非常自然的事情，并不会将其视为是神秘的事情。事实上是我们认为他们怪异，因为我们对这种心理现象[①]根本就一窍不通。实际上，同样的心理现象我们也有，只不过我们表现出来的方式比较文明罢了。在平时的生活中，我们总是觉得，别人的心理活动程序和我们的是一样的。我

① 投射现象与分裂现象。

们猜想，自己认为不错的事物，别人肯定也认为不错，自己认为不好的事物，别人肯定也会认为不好。直到近来，我们的法庭才开始采用较为合乎心理学原理的观点，才宣布承认有相对性犯罪的存在。对于“朱庇特可以做的，公牛不可以做”（Quod licet Jovi,non licet bovi）① 这句话，一些没有见识的人一直都极为愤怒。人类最为伟大的成就之一就是法律面前人人平等，这是不能够被废除的。我们大多数人都具有“宽以待己，严以待人”这个恶习，所以往往喜欢对他人进行责骂和批评。这种现象实际上就是一种低等的灵魂从一个人进入到了另外一个人。衣冠禽兽和代罪羔羊仍旧充斥于如今的社会中，这同以前到处都是女巫和狼人的情景是相同的。

心理学中最常见到的现象之一就是心理投射。它与莱维·布律尔所说的原始人的“神秘参与”相比，其实是相同的。只不过我们替它取了另外的一个称谓，并且我们习惯上不承认自己有什么责任。所有存在于我们无意识里面的恶习，均能够从别人的身上觉察出来，而且将其看作是我们不足之处的投射者。我们不会再用毒药残害他，不再杀人放火或诈骗别人；但是我们却使用道德法令去制裁他，让他身陷囹圄。我们想方设法施加在他身上的，往往就是我们自身的不足之处。

其道理很简单，原始人比较容易进行投射的原因在于，他们的心理状态特别单一，而且自我批判的能力比较缺乏。在他们眼中，世间万物的存在都是客观的，这一点能够很明显地从他们的语言中显露出来。豹妇究竟是什么样子，我们可以很幽默地想象出来。我们往往会

① 来源于古罗马神话，系关于欧罗巴的故事，她是朱庇特和阿革诺耳王的女儿。意思是朱庇特变成了公牛，无所不能，非比寻常，它可以做到一般的公牛无法做的事情。

将一个人比喻成为一只鹅、一头牛、一只母鸡、一条蛇、一头公牛或一头骡子，我们对诸如此类的不雅绰号都特别熟悉。但是在原始人将“动物灵魂”这个名称加到某个人头上时，道德判断的恶意是非常明显的。这在古人看来都是司空见惯的；他们对事物的感觉极为强烈，不会像我们那样轻而易举就去做。位于美国西南部山地的印第安人，毫不犹豫地确定我是一头图腾熊，换句话来说，他们觉得我就是一头熊，因为，我下梯子的办法和别人面向前不一样，我是面向后，就好像熊一般，是用手爬下来的。如果一个欧洲人说我很像熊的话，他的语境中不会包含很多其他的意义，顶多是在含义上有一些细微的区别。在原始社会中，或许会遇到让我们感到非常讶异的“动物灵魂”主题，当然，这在现代社会中只能算得上一个比方。对这些意象，如果我们解释得过于具体的话，就等于是回到了原始人的观念上面了。比如说，“处理病人”是我们在医学上经常用到的一句话，将话说得更加明确一些，这句话的含义便是，将手放于病人的身上，用你的手来治疗他的病。这就是大多数情况下，一个巫医将一个病人救活的方法。

因为我们非常不理解这种具体看待事物的方法，所以，我们自然就很难了解到“动物灵魂”的含义究竟在哪里。一个具体的灵魂从人体的内部移到了外部，然后栖居在一头野兽身上究竟是什么样的一种状况，我们根本就没有办法想象出来。如果我们把某一个人描画成一头骡子，这并不是表示他每个方面都和一头四个蹄子的骡子极为相像。我们只是表示他在某些方面，有点相似罢了。我们只是将其个性或心理的一部分提了出来，然后再具体化，最终一头骡子的形象便形成了。但是在原始人看来，所谓的豹妇是真有其人，她的灵魂正是一头豹子。既然原始人觉得，所有无意识的心理活动均是具体且客观的，他并不怀疑一个被描述成一头豹子的人确实拥有豹子的灵魂这个说法。假如更深一步来看，他甚至会表示，诸如这样的一个灵魂正以一头豹子的形体栖居于森林中呢！

这种认同现象（identification）是通过心理活动带来的，它创造了一个世界，人不仅仅在心理上，就连在形体上都容纳于这个世界中。他和世界相融，成为一体。世界并不是由他控制的，他只是其中的一部分罢了。比如说，在非洲的原始人还远远未达到人力胜天的境界，他也从来没有妄想自诩为创世主。在对动物进行分类时，他并没有将人列为最高等级，最高等级的是象，接着是狮子，再接着是鬼怪或者鳄鱼，人和一些较低等的动物排在一起。对于自然，他从来没有幻想过要去控制它、征服它；是后来的文明人，有了试图统治自然、拼命探索自然的规则以便于找寻到能打开自然秘密实验室钥匙的想法。所以，文明人特别厌恶绝对力，想尽一切办法不去承认它，就怕这些绝对力的存在会对他操控自然的企图造成威胁。

总而言之，我们可以说，古代人最为明显的特征就是，他们觉得意外巧合的不确定性和确定的自然因果律相比起来，前者更加重要。有两个方面包含在意外巧合中：第一，大多数情况下，它们都接连不断地到来；第二，它们均是通过无意识的心理内容投射出来的，换句话来说，也就是“神秘参与”，所以具有其不寻常的意义。但是这种观念古代人本身并不具有，原因在于，他心理活动的投射工作完成得非常成功，所以已经和外在的事物融为一体了。在他看来，某种意外事件是一种绝对且有预谋性的行为——是某种生命形态的干涉现象——因为他没有察觉到，不寻常的事件会产生影响，原因就是他已经替其披上了一层恐惧或慌张的外衣，真实他并没有察觉到这一点。讨论到这个问题，我们的确应当小心行事。对于美好的事物，是我们觉得它美好，所以它才变得美好的吗？关于究竟是太阳本身照耀宇宙，还是因为人的眼睛和太阳之间存在着某种关系这个问题，从古至今已经有无数伟大的思想家费尽心思进行了研究。原始人认为是前者，而文明人则认为是后者，截止目前，当文明人做过全面透彻的思考后，便尽量抛弃诗人的想象力了。文明人为了在了解世界时，能够更加客观，便将古代人所采用的投射法彻底排除。

在原始社会中，所有事物都有其精神。世间万物皆染上了人类精神的因素——甚至可以说，皆沾染上了人类心理中的集体无意识，因为当时所谓的个人精神生活根本就不存在。为此，我们不能够低估基督教受洗礼的含义，在人类精神发展方面，它的确占据着非常关键的地位。通过洗礼人类被赋予一个独立的灵魂。我并不是说，受洗礼本身是一种魔法，只要施行一次就能够立刻产生功效。我是表示，人类能够通过洗礼的观念，从和世界认同的观念中提升出来，使得自己能够超越世界。这就是洗礼的最好意义，因为，那是一种人类精神超越自然的象征。

在研究无意识的过程中有个原则，每一种个别独立存在的心理内容只要得到机遇，均会被拟人化。疯子的幻象和所谓的降神会就是最佳的例子。自主的心理成分只要能够被投射出来，无形的人就可以无时无刻地出现。这点能够阐释，一般招魂降神会的幽魂和原始人看见的幽灵的性质是什么样的。假如某种重要的心理内容投射到了一个人的身上，这个人就超自然了，换句话来说，他已经拥有了开创超自然的能力。于是，他或她变成了一个巫师或狼人。原始人认为，对于走失的灵魂，巫医在晚上凭借着捕鸟的方法将其抓回笼子中的现象，就是最佳的说明。心理投射让巫医拥有了超自然力；投射能够让动物、树木和石头交谈起来，原因在于，它们就是心理的活动，能促使人去顺从。怪不得想讲话的欲望常常支配着一个可怜的疯子。一个人自己心理活动的代表便是投射物。由于迷茫无知，他不知道是他自己在讲话，而认为自己只是一个会听、会看、顺从他人的人。

站在心理学的角度来看，原始人认为，关于意外巧合的绝对力是幽灵和巫师的意志表现这个说法，的确是非常自然的事情，原因在于，凭借着他了解的事实来判断，那是非常肯定的结果。但是在这个问题上面，我们不要犯糊涂。假如我们给聪慧的土著人讲述科学的观念，他必然会认为我们迷信到可笑的地步，逻辑的涵养完全匮乏。在他眼中，是太阳给世界带来了光明，而不是人类的眼睛。我认识一个美国西南部山区的印第安人，他是当地的酋长，有一次他责怪了我，口气极其严厉，当时我谈到了奥古斯丁的教义：太阳并不是神，太阳是由神创造的(Non est hic sol Dominus noster,sed qui illum fecit)。他伸手指着太阳，极其愤怒地说道：“我们的父亲是太阳。你能够非常明了地看见。所有光和生命的来源都是他，他创造出了世间的万事万物。”他非常激动，几乎讲不出来话，他最后呼喊道：“甚至一个人单独进入了深山里面，没有太阳的话，他也没有办法生火。”原始人的观念通过这句话，充分表现了出来。外在的世界是支配我们人类的力量来源，我们要想获得生活的机遇，就只能依靠它。众所周知，如今虽然是一个无神论的时代，但是宗教思想里面至今仍旧保存着古代人的心境，更不用说在今天的世界上还有很多人拥有这种思维方式。

说到原始人对巧合事件无定性的观点时，我以前说过，此种态度有着自身的目的和意义。但是，我们是否现在就应该立刻下结论说，原始人对于绝对力的观念并不只是建立在心理学观点之上，而是有着事实依据的？这是骇人听闻的，不过我去证明巫术确实有着自身存在理由时，并不想让自己陷入泥潭中。我只是期望把这种结论纳入考虑的范围。我们假如暂时采用原始人的看法，并且做进一步的思考，认为太阳是所有光的来源，物体的美存在于其本身，以及豹是人类的一部分灵魂等观点，这样一来，我们就能接受超自然的观念。依据这个观念，是美本身让人感动，但美并非人类创造的。某人生性恶劣，并不是因为我们将恶投射到了他的身上让他变得性恶。许多拥有超自然力的人，他们本身就拥有这种本领，并不是由我们的想象力促成的。超自然观念阐明了，某种分布广泛的力量存在于外在的世界中，这许多不平常的效力就因此产生了。所有的事物都是自我存在和活动的，否则就是虚幻的。力量是所有存在的形式。所以，我们看见，原始人的超自然观念能够称得上是类似于一种粗鄙的能量论。

现在，我们就不难理解这个原始观念了。当我们要更深层次地去研究其含义时，困难就出现了，原因在于，上面我提到过的心理投射过程，它彻底将其舍本求末了。其含义如下所示：一位巫医之所以能够成为巫师，并非因为我们的想象力或钦佩感；相反地，他原本就是一个巫医，是他把自身的魔法投射到了我的身上。幽灵并不是我们心理的幻象，而是自己出现在我们面前的。虽然站在超自然观念来看，此种说法是符合逻辑的推理的，只是我们不敢随意采纳，仍想通过不断地尝试，将一种能够对心理投射进行解释的理论找出来。问题表现为这样：是不是心灵——也就是精神或者无意识——通常源于我们内心；是不是在初期意识的阶段中，精神的确是凭借着为所欲为的绝对力在我们的形体之外存在着？是不是在后来的心理运行过程中，它才逐渐进入我们心里呢？是不是那些互不相连的心理内容——借用我们当今的用语——甚至从属于个人心理的一部分，依据原始观念认为，是不是心理实体最初就是以幽魂、祖先魂魄等形状存在于人体之内？是不是在发展的过程中，这些内容逐渐和人融合在一起，以致今后逐渐在人体内部形成了一个我们所谓的精神世界？

此种整体的观念的确让人觉得极为矛盾，但我们还是能够利用想象力来认识它的。不仅仅是宗教教师，就连普通的教职人员也都认同，我们可以将那些原本不存在于人心里的东西移入内心。意见和影响的确是具有效力的；最现代的行为学派甚至也希望从这方面有所获得。复杂心理怎样形成的观念依据于原始的形式在很多信仰中都有所表现，比如说着魔、祖先灵魂的化身以及灵魂的移入，等等。我们在打喷嚏时，会说，“愿上帝保佑于你。”意思是指：“希望新的灵魂对你来说，没有什么障碍。”我们在成长的路途中，将数不尽的矛盾摆脱之后，打造出了一个完整的人格，这时我们会觉得，心理之所以这样形成，好像是经历了复杂的糅合。既然很多孟德尔单位（Mendelian units）中的遗传因子塑造成了人体，那么我们假说人的心理也是通过一样的方法形成的，或许是成立的吧！

今天的唯物论和先人的思想之间，存在着类似的趋势。二者好像都有着一样的结论，觉得个人只是由很多原因聚集而成的聚集物；人首先是自然因果聚集而成的聚集物；其次也是意外巧合的聚集物。依据这两种说法，人类只是客体环境偶然力量的产物，其个体本身算不了什么。显而易见，这是地地道道的原始世界观。依据这个观念，单一的个人不被认为是独一无二的，而是随着他物的变化而时刻变动，是不能独立的。现代唯物论对因果律的狭隘观点，可谓是又回归到了原始人的观点。因为唯物论和原始人的观点相比，更加有系统性，所以也更加激进。后者更加不能够被调和；他拥有超自然的特征。在历史的演变过程中，这些超自然的人就被上升到了神的地位；他们变成服下了长生不老药的英雄和国王，能够分享上帝的荣耀。在原始社会中，能够找到这种个人不朽和不死的观点，尤其是在他们对鬼神的信仰中以及神话故事里面。

对于自身观念的矛盾，原始人并不知情。帮我们背行李的黑人跟我说，对于死后可能的结果，他们压根就什么也不知道。在他们眼中，人死了便是死了，他不再呼吸了，他们就将其尸体搬到树林中给鬣狗吃。在白天时他们是如此想的，但到了晚上，死者的灵魂就可能变成魔鬼，给人畜带来疾病。这些魔鬼可能会袭击夜晚出行的人或将其勒死，或做出很多让人毛骨悚然的事。原始人的内心充满了如此多的矛盾想法。或许，他们会把一个欧洲人吓得魂飞魄散，但欧洲人却没有想到，相同的事情在我们的文明世界中也能找到。我们有很多大学提出，神的干预不值得探讨，但却开设了神学课程。或许一个自然科学的研究者会觉得，最为渺小的生物都是由上帝创造出来的这种观点很荒谬；但另一方面，或许在星期天，他又是一个忠诚的基督徒。既然这样，我们为何还要去介怀原始人前后矛盾的现象呢？

不可能从原始人的基本概念中导出任何的哲理系统。我们只能从中学到互相矛盾的道理。但是，依据这些道理，我们能够获取无数关于心理上的努力的材料，并且也为从古至今的各式各样的文明提供了思索的问题。

原始人的“集体表象”确实是很高深的现象，还是说只是看似高深呢？这个大难题我无法回答，但我能够将自己在埃尔贡山区部落中做出的观察拿出来做参考。我以前去过很多地方，希望找出关于宗教观念和仪式的一些线索，但是接连好几个星期，我一无所得。当地的土著人准许我去参观他们的各种仪式庆典，为我提供参考资料时也是毫无隐藏。我同他们交流时，基本不需要别人的翻译，因为他们中有很多年长的人均会说斯瓦希里语（Swahili）。刚开始时他们还有点不愿意，但是彼此间的距离贴近后，他们便对我非常有礼貌。他们不知道任何关于宗教的习俗。可我并没有抛弃希冀，后来通过无数次的交流，有一个老年人终于大声喊道：“早上当朝阳升起时，我们从茅屋里走出来，然后往手心里吐唾沫，并且举向太阳。”我请求他们演示给我看，而且要求他们详细说明。于是他们把手放在嘴前面，用力往手心里面吐唾沫，接着将手翻转过来，手掌朝向太阳。我让他们解释这样做有什么意义，为何要往手心里吐口水。显然，我的提问没有任何意义，他们的答案是：“我们一直都是如此做的。”我无法获取满意的答复，可是我坚信，他们是真不知道为什么要这么做，只知道在做些什么。对于自己的行动，他们看不出意义。在迎接新月时，他们也用相同的方法。

我们现在暂时假设说，对苏黎世，我是完全陌生的，探索当地的风俗习惯是来到这个城市的目的。首先，我在郊外的某个人的家里住下来，开始和住在这里的人交往和接触。然后我对米勒与迈耶两位先生说道："麻烦跟我讲讲你们的一些宗教习俗。"两位先生都非常吃惊。他们没有去过教堂，所以关于教堂的事情，根本就不知道。他们还重点提到，关于什么宗教习俗，他们压根就没有实施过。一天早晨，我突然去拜见米勒先生，他恰巧在花园里忙碌，想把一些彩色的蛋藏起来，还在堆一些样子奇特的兔子偶像。我立刻把他抓住，问道："这么有意思的仪式，你为何要一直都瞒着我呢？"他辩驳道："什么仪式啊？这根本就算不了什么，因为大家在复活节时，都是这样做的啊！""但是，这些彩蛋和偶像有什么含义？为何你要把他们藏起来？"一时之间，米勒先生哑口无言。他什么都不知道，关于圣诞树的含义是什么，他也不知道，但是他仍旧在做这些事情。他等于就是一个原始人。然而，远离文明的埃尔贡山区的人，难道就明白他们行为的意义吗？自然是不可能的。知其所行只有文明人才能够做到，而原始人只是行其所行。

上面说到的埃尔贡山区的人实施的仪式，究竟有什么意义呢？很显然，对土著人来说，那是他们将太阳看作超自然的神明而向其致敬的行为，是在旭日东升时举行的。至于他们往手心里吐唾沫的行为，依据原始人的信仰，代表某种个人魔力的东西，象征健康、祈求或支持生命的力量。他们往手上吹的气体代表的是风和灵魂——那就是roho——等于是阿拉伯语中的ruch，希伯来语中的ruach，希腊语中的pneuma。其动作和含义是：我给上帝献出了活灵。这个祈祷没有声音，但有动作，讲出来的话，便是这样的："神明啊！我愿意将我的活灵奉献于你。"这究竟只是一种刚好如此发生的行为，还是远在人类生存于这个世界之前，就已经诞生出来的思想呢？我没有办法回答这个问题。

第八章

心理学和文学

寻求灵魂的现代人

Modern Man In Search Of A Soul

心理学既然是一门研究精神历程的科学，它影响文学的可能性自然是显而易见的，因为，人类的心理乃是一切科学和艺术的母亲。我们希望，一方面可以通过心理学的研究来阐释一件艺术作品是怎样形成的,另一个方面,同样也能够揭示让一个人产生艺术创作才华的因素。所以,两大不同的任务就摆在了心理学家的面前,并且在研究探讨时,需要运用完全不一样的方法。

在关于艺术作品这方面，我们需要探讨一件通过非常复杂的心理活动创造出来的产物，这应当是一件经过意愿和意识一起塑造而成的产物。在艺术家这个方面，我们需要研究精神结构的本身。站在前者的角度来看，我们必须尝试在研究一件特定的、具体的艺术品时，利用心理学的分析方法；站在后者的角度，我们分析的则是一个活生生且富有创造力的独特的人格。这两件工作虽然是息息相通的，甚至能够说是相互依存的，却不可能通过研究其中之一而导出另外一个的答案。诚然，通过对艺术家的一件艺术品进行研究，或许能够将其相关情况推断出来，或是通过对其研究，能够认识其艺术品，但是通过这种方法所获取的结论，是不完整的，顶多只能看作是猜想或是臆测。了解了歌德和他母亲的关系自然对我们了解浮士德的感叹语——“母亲，母亲，这话听起来是多么的美好啊！”——有很大的益处。但仅仅依据歌德和他母亲的眷恋关系，我们还是无法弄明白他为什么会写出《浮士德》，不管我们对两者之间的关系是多么确定。相反，我们从《浮士德》作品入手去研究歌德本人也是一无所获的。从《尼贝龙根的指环》（The Ring of the Nibelungs）这部剧中，我们同样没有办法觉察或推断出瓦格纳经常喜欢穿女装的事实，即便说尼贝龙根的男性英雄世界和瓦格纳自身所拥有的某一种病态的女性气质之间，存在着相当隐蔽的联系。

通过现阶段心理学的发展情形可以看出，我们没有办法像其他的科学那样，期望获知精准的因果关系。我们只有在和“心理 - 生理本能”（psycho-physiologic instincts）以及“反射”（reflex）等有关方面，才能自信地利用因果律的观念。心理生活发源的地方——一种极为复杂的层面——心理学家应该将这许多心理活动及其拥有的复杂、曲折和深奥的特征形象地刻画出来。在做这件事情时，他应当避免去认定毋庸置疑地存在着的精神历程。假如不这样做，或者我们坚信，心理学家肯定有办法把一部艺术作品及其创作过程的因果关系揭开，那么艺术的研究就不会因此而无处安身，衰败变成他自己那套科学的附属而已吗？确实，对于复杂的心理活动及其因果关系的探寻，心理学家是绝对不会放手的，否则，心理学便不复存在。但是，对于这一原则，他却不应该过度执着，因为能够在艺术作品中体现得最透亮的生命的创作层面，是远远超过所有以理性能够理解的努力。或许，所有因受到刺激而形成的反应都能运用因果律来解释，但和单纯的反应截然不同的创作行为将是人类永远也无法了解的。我们只能对其表现形式进行描述，不能全面地了解，只能够朦胧地感受。心理学和艺术的研究应不断相互切磋，两者之间不存在争斗。心理行动的原因是不能够推断出来的，这是心理学中的重要原则。而艺术研究的重要原则是，不管这个艺术作品或艺术家本人存在着什么问题，心理上创作本身是存在着价值的。这两个原则之间虽然存在着不同的地方，但均有道理。

一、艺术作品

在对一部文艺作品进行评判时，心理学家和文艺批评家在方法上存在着根本的差异。对后者非常关键或珍贵的东西，对前者或许根本就没有什么作用。那些价值观极为暧昧不清的文艺作品对心理学家而言，有着非常大的吸引力。比如说，“心理小说”并不一定就像文学家以为的那样，都能得到心理学家的重视。对于整部作品来说，诸如此类的小说本身已经阐释得非常明白了，作品本身已经完成了心理学的解析工作，心理学家顶多只能帮它增加一些批评补充罢了。有关一个特定的作家怎样创作出一部特定作品的大问题，在这里我还不准备回答，在本文后半部分再进行探讨。

那些作者没有为书中的角色做任何心理解析的作品，就是心理学家认为最具有价值的小说，只有此类小说才等待着他去分析和阐释，才值得他对其表现的体裁进行探究。伯努瓦的小说就是此类小说最好的例子，还有哈格德[①]风格的英国虚构小说，其中最著名的还是柯南·道尔[②]创立、后来非常流行的侦探型小说。我觉得梅尔维尔所著的《白鲸》，是美国最了不起的小说，同样也可以纳入这一类。那些生动有趣，而又不带有心理学叙述的故事，才是最能够勾起心理学家兴趣的作品。这类作品故事的基础都建立在一种晦暗的心理学结构上，作者从词句之间不知不觉地显露出来，纯洁而清楚，经得住严肃的批评。相反，那些心理学式小说的作者却常常试图将其素材偷梁换柱，将之从极粗鄙的水平提高到可称作心理学式解说和表现的程度——此种手法，通常会造成作品本身的心理学意义更加模糊，甚至是让人一头雾水的结果。很多外行人在对“心理学”进行研究时，便是依据这种小说；不过，心理学家认为是最富有挑战性的小说是另外一种，原因在于，只有他才有资格探究更深一层的含义。

上面谈论到的都是针对小说的，而我要探讨的心理学事实不仅局限于这个特殊的文体创作。在诗中我们也将会有同样的发现。除此之外，我们下面要谈到的《浮士德》戏剧的上下两部也是这样。格蕾辛的爱情悲剧是自己解读的；既然诗人自身已经做了费尽心血的描绘，心理学家就没必要再大费周章了。但第二部的情况就不是这个样子，解说还是有必要的。当诗人的创作力和想象力发挥得淋漓尽致时，便没有

① 赖德·哈格德（Sir Henry Rider Haggard,1856–1925），英国人，小说家。《所罗门王的宝藏》和《她》是其最为世人所熟知的小说。

② 柯南·道尔（Sir Arthur Conan Doyle,1859–1930），英国人，小说家，1902 年被封为爵士。1891 年，由于他在《斯特兰德》杂志连载侦探小说《福尔摩斯探案》，因此举世闻名。

多余的精力顾及解说工作了，读者这个时候就急切地需要有人来加以详细说明。凭借着一正一反的极端方法，《浮士德》上下两部将文学作品在心理学上的差别解释得非常透彻。

为了着重说一下这种区别，我想将其中之一的艺术创作体裁称为“心理学式的”（psychological），另外一种则是“幻觉式的”（visionary）。“心理学式”的以处理取材来源于人类的意识界——通常如生活的教训、感情的变动、痛苦的经历和人类的命运——为主，这些均是人类的意识生活和感情生活的组成。诗人将这些素材在心理上进行同化融合，以提升原来的日常事件，并且将其组合成诗意的经验，然后表达出来，让读者有一种茅塞顿开、洞悉人生真理的感悟。从诗里面，他能够察觉到他以前逃避的，或忽视的，或不愿意看见的事情。诗人作品的目的是要解读且启示意识的内涵，以及那些重复出现的，没有办法避开的人生喜怒哀乐的经验。他已经不需要再麻烦心理学家，除非我们需要劳驾后者来解读浮士德爱上格蕾辛，或者格蕾辛谋杀其子的缘由。这些均是构成了人类命运的主题。它们无数次反复出现，同时也说明了警察法庭和刑法之所以如出一辙的缘由。因为作品自身已经有了明确的交代，所以此类作品不会有什么难以理解的地方。

属于此类的文艺作品千千万万，不计其数：很多探讨爱情、环境、家庭、犯罪以及社会的小说，还有那些说教诗、抒情诗以及悲剧和戏剧等均是。不管其文体是怎样，“心理学式”艺术作品的题材均是源于博大的人生意识经验——也就是取材于人生中最为活跃的前景部分。这种艺术创作活动并没有超出心理学所能明了的限度，所以我将这种艺术创作形式称为“心理学式”的。它包括的一切，比如说经验及其艺术表现，都是能够被理解的。虽说其基本经验自身或许是非理性的，但并不属于荒诞的；相反，自古以来，它们都是众所周知的，比如说激情与其注定的结果，受命运支配的人类，既美好又恐怖的永恒大自然，等等。

于是，《浮士德》第一、二部便成为"心理学式"和"幻觉式"两种艺术创作体裁的最佳分野。后者的条件正好和前者形成了鲜明对比。"幻觉式"艺术创作的素材不再是大家司空见惯的，其本源乃来自人类心灵深处，它阐明了我们和洪荒时代在时间上的差距，并且也给人一种有着明暗比较的超人世界的感觉。那种原始经验是人类没有办法去了解的，所以人类也常常有会被其支配的危险。它的广阔无边是其价值和力量的所在。它来源于极为遥远的从前，让人感觉到陌生、冷酷、漫无边际、魔幻和千奇百怪。在无边无际的混乱中，它是狰狞怪诞的写照，借用尼采说过的话，它是一种"触犯全人类的大罪"（crimen laesae majestatis humanae），我们人类的价值和艺术体裁标准因为它而变得支离破碎。对于那些芸芸众生或地位低下的人所不能领悟其含义或了解其真谛的光怪陆离的异象，艺术家必须具备的并不只是从日常生活经验中吸取的浅显教训而已。

诸如此类的经验根本就没有办法揭开藏在宇宙背后的秘密，而且也无法超越人类能力范围的领域，这些经验可谓是替艺术家准备好的现成的素材，虽然对于个人来说，或许会惊叹不已。但原始经验却能将画有井井有条图像的帷幕从上往下揭开，让人们看见那仍未成形的无底深渊。是否那是一个世外桃源的幻景，或是模糊化的灵魂幻象？或是遥远的人类诞生之前混沌初开的情景？或是仍旧没有到来的未来的梦想？我们没有办法去肯定，当然也不能去否定。

成形—再成形

永恒精神不断运行

我们在非常多的作品中，都能够发现诸如此类的幻象。比如说，《赫马牧人书》中、但丁的作品中、《浮士德》第二部中、尼采的狄奥尼修斯式的华丽辞藻中、瓦格纳的《尼贝龙根的指环》中、施皮特勒[①]的《奥林匹亚之春》中、布柏麦克的诗行中、修道士科隆那的《波利菲里之梦》中以及柏麦哲学性及诗意的低声细语之中。除此之外，原始经验在哈格德所写的系列小说《她》中，以更加受限且更为特殊的形式出现。类似的情况在其他作品里也出现过，比如说伯努瓦的著作，特别是在他所著的《大西洋》中，库宾的《另一方面》以及梅林克的《绿脸》——不应该低估这本书的价值，还有格茨[②]的《没有空间的王国》和巴拉赫的《死亡之日》，其他的例子更是数不胜数。

当我谈论到“心理学式”艺术创作体裁的问题时，对于其构成素材和含义，没有必要过分在意。但是当我们谈论到“幻觉式”的创作体裁时，这个问题就不得不考虑了。我们一旦碰到这类作品，就会惊奇不已、束手无策、惊觉甚至感到厌弃，同时我们要进行评析以及讲解。我们看完此种小说，心里不会想起平日的生活，而那些我们做过的梦、暗夜的恐惧和那些经常让我们感到心急如焚的疑虑，却在我们的脑海

① 卡尔·施皮特勒（Carl Spitteler,1845–1924），瑞士人，诗人，小说家。他在 1990 年 –1905 年间开始了史诗《奥林匹亚之春》的创作，后于 1919 年获得了诺贝尔文学奖，该诗便是主要作品之一。

② 格茨（Goetz,1885–1954），德国人，戏剧作家，在二十世纪戏剧发展史中，他复兴了德国的历史剧，这也是其主要的成就。

里涌现。对于此类作品，大多数的读者并不喜欢，甚至就连文评家都感到头疼不已（除非以前它们声名大噪过）。但丁和瓦格纳确实已经替我们开通了认识它们的途径。从但丁的情况来看，史实已经掩盖了他的幻觉经验；然而瓦格纳却用神话进行掩饰，从这里可以看出，历史和神话都是诗人们运用的创作素材。但他们作品的感染力和深刻意义并非依据这些历史和神话，他们所依据的是幻觉和梦想。通常来说，虚构小说的开山祖师首推哈格德。但是于他而言，故事只是表达其主旨的一种工具罢了。对于整部小说来说，不管故事占了多大的分量，多数情况下，主题的重要性都要更大一些。

“幻觉式”作品的素材来源具有的朦胧性的确是非常怪异，它和“心理学式”的创作体裁相比，恰巧相反。甚至我们会怀疑，这种朦胧性是弄虚作假。我们很自然地猜测，弗洛伊德式的心理学激励我们这样做——这种奇怪的暧昧的背后肯定存在着某种较高程度的个人经验。据此，我们想对于这些奇怪朦胧特征进行说明，并且也要借此研究出为什么我们经常感觉，诗人都有意不将他的重要经验告诉我们的原因。此种想法和认定艺术都是病态和神经质的表现的说法已相差不大了——的确，我们常能从幻觉艺术创作者的素材中，发觉某一些和疯子妄想相像的特点。反过来，从很多神经病者的作品里面，我们经常能够发现某一些可以和天才作家作品相提并论的含义。所以弗洛伊德派的心理学信徒或许会认为，伟大的作品都只是病理学上的问题。

假如他们觉得，我所说的“原始幻觉”后面所藏匿的个人经验就是那些意识没有办法接受的经验，那么他肯定会把那些奇特的意象解释成虚伪的表象，并且认定，这些意象就是某种基本经验有意隐藏自身的典型。在他们眼中，这肯定是某种从道德或者美感上同其个性无法达成妥协，或者至少是与意识界某些假装的部分产生矛盾的爱情方面的经验。因为诗人通过自己，有潜抑其经验的可能性，让其变得面目难辨（沦入到无意识界），所以病理性的痴想就是遭受刺激而采取的行动了。除此外，更因此种尝试以伪装来掩盖真相的盘算得不到满足，必须通过一系列的长期创作重复表现它的图谋。这就是为什么想象的文体那么奇怪、吓人，那么多具有魔法、荒诞、不正常的作品会不断出现的原因所在。这些不仅是很难被人们接受的经验的代替物，而且是帮助去掩护这些经验的东西。

关于诗人个性和心理倾向的讨论，虽说我在后面才会探讨到，但是在这里，我实在忍不住把弗洛伊德对于“幻觉式”作品的看法提出来。它是唯一引起很多人注意的，想要替幻觉作品素材的来源进行“科学性”解释的尝试，并且弗氏也是唯一一位大家都知道的、试图要整理出一种理论用来阐释此创作体裁精神历程的学者。因为我个人对此问题的看法鲜有人知，所以，现在我将简明地阐述我的观点。

假如我们坚持认为个人经验是幻觉的来源，那么就是指幻觉是现实的替代物，是次生的。这样一来，幻觉的原始性肯定就被我们掠夺了，并且只是将其看作是一个病征。于是那包容万物的混沌境界竟然萎缩成了精神的烦扰。这样一来，我们便能问心无愧地重归于那井井有条的宇宙中。虽然我们都追求实际和理性，然而我们明白，宇宙并不是完美无缺的；对于这些所谓的不正常与疾病的无法回避的不完美，我们只能接受，承认人性无力免除这些疼痛。对让人没有办法了解的深渊的可怕揭示被斥责为是错觉，而诗人只被当作是这种妄图欺骗的制造者和牺牲品。诗人们认为其原始经验是“人性”的——因为太有“人性”了，因此他们没有办法去面对它，只好将其掩饰。

我觉得，我们应当搞明白关于艺术创作形成因素归于个人的理论含义。它引导我们走向哪里，我们应该清晰地看见。这种说法让我们只需对诗人的心理倾向问题进行探究，没有必要对艺术作品做心理学研究。后者的重要性是不能否认的，但艺术作品也有着自身应该得到的地位，是不容忽视的。创作品对诗人来说意味着什么问题——不管他视其为小事一件，或某种掩盖，或成绩，或疼痛的来源——这些均不是我们目前所要涉及的，我们要去做的，是从心理学的角度出发，对艺术作品进行解读。因此，对作品中的基本经验问题，也就是作品的幻象问题，我们应当谨慎地加以探讨。我们在讨论时，最起码应以探讨“心理学式”的艺术创作体裁所具有的态度才行，原因在于，这些经验的实际性以及严肃性同样是毋庸置疑的。

的确，一眼看去，幻觉和人类命运毫无联系，所以，要说服人们相信它是真实存在的，并不是非常容易的事情。它经常让人们把暧昧的形而上学和神秘主义联想到一块儿，因此我们在对其进行处理时，须要运用严肃且理性的方法。最好不必把这些事情看得太重，避免世界又回归到一个充满迷信和愚昧的时代，这就是我们的结论。或许，对于神秘我们都有些小爱好；但平日里幻想的经验都被我们斥责为丰富的幻想和浓厚诗兴带来的结果，站在心理学的角度上来看，这纯粹是诗人的专利品。对于这种说法，很多诗人都表示认同，原因在于，这样一来，诗人和自己的作品就能控制在一个安全的距离内。比如说，施皮特勒就大力宣扬，不论诗人演唱的是“奥林匹亚之春”，或是“五月已经降临”的主题，并无甚差别。事实的真相是，诗人也是人，诗人在其作品中想要表达的话语，通常都含糊不清。所以我们的任务是替幻觉经验做辩护（也就是进行解说，让其清晰明朗化），以使之和诗人自身的不清楚对比。

毋庸置疑，我们的确能够从《赫马牧人书》《神曲》和《浮士德》三部作品中，获得最为原始的恋爱经验———种只有依靠幻觉才能实现的经验。在《浮士德》第二部中，缺失或掩饰了如同第一部中的正常的人类经验——这种说法是毫无依据的；认为歌德创作第一部作品时是正常的，但在写第二部时就患上了神经症——这种说法也是荒唐的。近两千年来，赫马、但丁以及歌德可谓是人类发展历程的三大飞跃，每一个飞跃中我们都能发现，他们的个人恋爱故事不仅仅和更为关键的幻觉经验联系紧密，并且也附属于此经验之下。由于艺术作品自身所拥有的这种力量，使得诗人特殊心理倾向的问题在这种情况下，已不再显得那么重要，所以我们不得不承认，幻觉所代表的经验要比普通的激情更为深刻和感人。我们不应该把此类艺术作品和其创作者混为一谈，并且不管理性偏执者的看法怎样，我们都有信心说，幻觉的确是一种实际的原始经验。

幻觉并不是后来生成的或是次生之物，更加不是某种病征。幻觉是真正的象征性的表现，也就是表现某种东西自身有着存在的合理性，但人们却无法全部明了。恋爱情节是一种经过实际感受过的体验，幻觉同样如此。我们没有必要再追问，究竟幻觉的真正内涵是形体的，还是心理的，或者是形而上的。它本身是属于精神的，但其实在性和物理现实相差无几。人类的情欲属于意识范畴，但幻觉却超越了意识的范畴。我们利用知觉去体验我们知道的东西，但对于那些实质上神秘的未知和隐秘的东西，我们只能依靠着直觉去体验。这些事物即便意识化了，但仍有意保留和隐瞒，所以从人类早期，它们就被看作是隐秘的、吓人的、具有欺骗性的东西，是肉眼所不能察觉出来的，对于它们，人类仍因惧怕而躲避。人为了保护自己，运用科学的盾牌和理智的甲胄。他的启蒙由恐惧所催生；在白天，他相信世界是井井有条的，但到了夜晚，他便坚定这个信心用来抵抗周围恐惧的气氛。

假如，万一有某种生命活动的界限越过我们的白天世界，我们如何应对呢？是否人类的需求是危险且无法避免的呢？是否存在着某种比电子更加富有含义的东西呢？我们自信于拥有自己的灵魂，并且掌控着，这是自己骗自己吗？是否科学上所谓的“心理”实际上不仅仅局限于脑袋内的未知物，而是通向另一个世界的一扇大门，经常会有奇怪且难以琢磨的力量出现，将人们宁静的心灵打乱，好像拍打着夜晚的翅膀，把人从现实世界领向了另一个超越于人的境界？我们谈论到幻觉艺术创作问题时，应该明白，恋爱情节只不过是创作者用来发泄的途径而已，在《神曲》里面，个人经验除了作为前奏曲外，毫无别的用处。

并非只有这类艺术创作者才能够接触人生的阴暗面，还包括所有的预言家、先知以及启蒙大师们。这种阴暗世界不管有多么神秘，它仍非全部陌生的。人类自远古洪荒以来，便对其有所认识了，它的身影到处都能看见；对于现今的原始人来说，在其看来，它也是组成宇宙必不可少的一部分。只有我们由于对迷信和形而上学持有警惕，试图建立如同一个共和国一样得井井有条的意识世界，这个世界由自然法则维持、由成文法统治，因此我们抛弃了那个黑暗的世界。但是，处于我们之中的诗人却常能看见那些黑暗世界的人物，比如说幽灵、魔鬼和神灵。他深深了解，某种超越一般人可及范畴的东西是人类生来就具有的秘密；他能够预知到在天庭中发生的难以被理解的事情，总而言之，他看见了那个让野蛮人和原始人感到恐惧的心理世界。

自打出现了人类社会，人类妄图用固定形式去表达内心的隐藏感受的表现随处可见。甚至于在刻于罗得西亚的悬崖上的石器时代的壁画中,我们看见在很多惟妙惟肖的动物形象图案旁边有一个双十字——画于一个圆圈里面。类似这样的图案，在每一个文化区域或多或少都能找到，如今，我们不仅能从基督教的教堂里看见它的身影，就连在西藏的寺院中也有相似的图案。那就是人们所说的太阳轮，远在人们懂得利用它作为机械工具前就存在了，其渊源不可能来自外在世界的经验。相反，它是一种象征物，代表着某种心理行为：所有内在世界的经验均由它统领。并且，毫无疑问，它和背部画有食虱鸟的犀牛形象一样形象生动。每一种文化从古至今，都各自拥有着一套秘密的教义体系，这种体系在很多文化中都极其发达。很多在平日里看不见的秘密教义，都存在于男人的聚会和图腾族等组织中，这些东西早在遥远的原始时代，就已经成为人类最重要经验的一部分了。通常来说，诸如此类的知识传给下一代的年轻人，都是通过成年入会礼。希腊罗马文化世界中的宗教仪式也与此相像，古代的神话就是人类发展的最初阶段中这种经验的遗迹。

所以，诗人为了将其经验恰当表述，就必须求取于神话。认为他这种取材法是拾人牙慧，就是巨大的错误。其创作力的源泉是原始经验；它高深莫测，所以就需要凭借一层神话意象的形式。它本身从来不会以文字或者意象出现，只是一个能“从镜中约略”窥见的幻象。它是一种深层次的预感，不过有表达自身的强烈冲动。它犹如一阵龙卷风，风力所达之地，将接触到的所有东西卷走并且带向上层，于是它就现出可见的形态。既然所有特定的表现法想彻底表达幻觉都是不可能的，有时内容反倒显得不够充实，所以一位诗人必须尽最大可能搜集更多的素材，才能表达出其内在的感受。他为了表现其幻觉本身所具有的荒诞矛盾，甚至必须要诉诸一个非常难处理，并且自身充满矛盾的意象。但丁就是运用统治天国和地狱的意象实现其表现欲；而歌德在自己的作品里面，甚至应用到了布洛克斯堡和古希腊的冥府；瓦格纳凭借一切北欧的神话；尼采在写文章时偶尔会模仿传教士们的风格，所以史前传统中先知的姿态也重新被塑造；布莱克创造出了很多让人无法描绘的人物，施皮特勒则赋予自己想象出来的新人物以很多古老的名字。上到天国，下到地狱，所有神圣的、怪诞的形象都被包含在内。

面对着这些异彩纷呈的意象，心理学只能做把一切素材进行整理分类、比较以及赋予其专门术语的工作罢了。依据这种专门术语，在幻觉里出现的就是集体无意识。我所说的集体无意识指的就是某种通过遗传塑造而成的心理气质；而意识就是由此而产生的。我们从人类的身体结构中，仍能找寻到进化早期阶段的痕迹，依此推论，人类灵魂的组成元素肯定也是依据人种进化学原理而形成的。实际情况是，当意识受到了暂时的蒙蔽——在梦里面、不省人事时以及发疯的状态下——那些带有心理发展所有原始阶段的特征的精神和内容就一拥而上。我们推断意象的来源是古代的秘教教义，原因在于其本身所具有的原始性。至于烘托了现代色彩的神话论题则是司空见惯的。这些集体无意识表象对于文学研究最大的贡献便是，它们和意识态度互补。换句话来说，意识所带来的偏见、反常或危险状态，能够被这些表象所平衡。从梦境中，我们能很清楚地观察到其较为实际的真相。一般来说，这种补偿程序在精神错乱的情形下都特别明显，只不过方式是否定的罢了。比如说，有一些人经常会因为担忧秘密暴露而与世隔绝，不和任何人交往，但有一天却忽然发觉，自己看作最为秘密的东西，早已人尽皆知了，并且公开讨论，丝毫没有觉得奇异。

当我们研究歌德的《浮士德》时，撇开剧作是作者意识态度补偿现象的问题不谈，我们还要回答下面的这个问题：这个作品和其所处时代的意识观究竟有着怎样的关系？广阔的人生是伟大诗篇的取材之处，如果我们弃之不顾，单单想从作品里发现其个人的因素，这个剧作的深义就会被我们全部错过。如果集体无意识是这个时代意识观的象征，是一种活生生的经验，那么便可成为对现今人民生活产生巨大影响的作品。一部艺术作品应当可以给后世的子孙以真正的启迪。所以，每个德国人的灵魂都被《浮士德》所震撼，但丁的声誉才能永垂不朽，同时《赫马牧人书》却未被收入《新约全书》的正经。每一个时代都拥有着各自特殊的偏见、嗜好以及心理缺陷。一个时代如同一个人；它在意识观方面，有其缺陷，所以就需要补偿和调节。集体无意识影响而导致了下面的事实：不知不觉中，诗人、先知或领袖均要受到当代使命的托付，他借助于语言或者行动指出一个目标，或一条大道，这是每一个人冥冥之中渴望且期待实现或者到达的，不管这个目标带来了好的或是不好的结果，是拯救还是毁灭了其时代。

眼前的事物都巨大得让人无法观其全貌，所以给当代下断语往往都是不安全的。对于这一点，我只想简单阐明。科隆纳的作品就是以梦的方式写成的，且也是人和人之间爱情的礼赞；在不宣扬过度放纵感官的前提下，他完全弃基督教的结婚圣礼于不管——这部著作写于1453年。哈格德生活的年代恰逢维多利亚的盛世，于是便利用此题材，以其特有的手段进行处理；他让读者设身处地去体验道德冲突的压力，而不是运用梦的方式表达出来。歌德把格蕾辛、海伦以及格罗廖沙等角色用红线将其编织成一块绚烂的浮士德花毡。尼采表示上帝已经死去了，神祇们的盛衰被施皮特勒转喻成了四季的神话。每一个诗人不管地位是不是很重要，都将千万人的心声说了出来，预兆了其时代意识观的变化。

二、诗人

创造力和意志的自由一样，也含有秘密。虽说心理学家可以将这些表象描述成心理过程，但其中所包含的哲理问题，他却仍没有办法解决。含有丰富创造力的人是个谜团，我们试图站在不同的角度去解答，但毫无所获。但现代心理学家却不因此感到丧气，从来没有失去过不断探讨艺术家以及艺术作品的信心。弗洛伊德自认为已经找寻到了一条线索，也就是站在艺术家个人经验的角度对作品进行研究的过程。[①]当然，从这个方面着手或许会有些希望，原因在于，我们可以想象出来，一部艺术作品就像神经症一般，其根源能够诉诸我们心理生活中的情结。神经症的因果关系根源于心理领域的这一说法——也就是将其原因归于情绪状态以及真正的或想象的孩童时代的经验——是弗氏的大发现。弗氏的几位高徒，比如说兰克和斯特克尔，等等，他们研究的目标都选取某些相关的部分，其收获算是颇丰。毫无疑问的是，诗人心理倾向或许遍布他的整部作品。认为诗人的取材和处理方法可能受到个人因素的影响非常之大，事实上不是新奇的言论。不过，此影响力所及之处连同其表现的特殊方法，弗氏替我们指出来了，功劳确实是不可忽略的。

弗氏觉得，直接满足的替代便是神经症。所以，他指出这是一种病，是不恰当的，应该将其看作是一种不正确、搪塞、托词以及无辜的伪装。在他的眼中，这些缺陷完全都能避开。神经症既然从各个方面来看，都是没有意义且荒唐的，它只不过是一种会让人觉得不耐烦的不安现象，所以几乎没人替它说好话。而假如我们站在诗人某种压抑的角度去认识一部艺术作品时，那么它与神经症的关系可谓是很相近了。从某种意义上来看，此种关系是自然的，原因在于，弗洛伊德学派同样把哲学和宗教看作一样的道理。假如这种手法仅是作为解释，个人因素对于一部艺术作品具有至关重要地位的话，同样也是无可非议的。但假如说此种分析法足以阐明一部艺术作品的所有，那就有待求证了。在一部艺术作品中，作者的个性所占的分量并不是非常重要；实际上，假如我们在讨论这些特性上花费的时间越多，我们和艺术作品的问题

① 原注：请参阅弗氏“论詹森的《格拉迪瓦》”和“论达·芬奇”两篇文章。

也就越远了。一部作品最主要的价值在于能够超越个人生活的范围，并且诗人应以其肺腑之言代表全人类倾诉。作者的个性成分在艺术的领域中，是一种限制，甚至能够说是一种罪恶。一部纯粹个性化的“艺术作品”事实上就是一种神经症的表现。当然弗氏宣称，艺术家向来都喜欢沉醉于自我，他们往往都是一些没有发育好且带有孩童期自恋特征的人，也许这种说法有一定的道理。此种说法的实际性只在于艺术家的确是一个人，和他作为一个艺术家毫无联系。站在一个艺术家含义的角度来看，他不自恋，同样也不他恋，当然更不是色欲的。他是客观且无我的——甚至可以说是非人的——原因在于，作为一个艺术家，他就是他自身的作品，而不单单是一个正常人了。

每一个具有丰富创造力的人，均是一个双重或者多重人格的综合体。一方面看来，他是一个拥有个人生活的人，从另外一个方面来看，他同样也是一种无我的、创造的历程。既然作为一个人，他也许或健全或病态，那么我们就有研究其心理结构以便找出其个性的决定因素的必要。但如果要弄清楚其作为一个艺术家的能力，我们只能从探讨其创作成果入手。对于一个英国绅士、一个普鲁士的官员或一个红衣主教，假如我们试图就个人因素对其生活方式进行解释，那么我们肯定就会犯下可怜的错误。无论是绅士，还是官员和牧师等角色，它们所拥有的去个性化的功用及其心理结构的组成带有特定的客观性。我们要知道，一个艺术家在发挥其职责时，并不能像一个官员那样，反过来更是如此。一个艺术家包含于我上面提到过的很多类型中的一种，对于一个具有特殊的艺术才能的艺术家，一般来说，其精神生活所具有的集体性都远远超越个人性。艺术是某种人类与生俱来的本能，居住于人的内部，并借助他作为表达的工具。所以，艺术家是不自由的，是不能够从心所欲的，他是一个受到艺术利用从而实现其目标的媒介。作为一个人，或许他同样也有自身的情绪、意志以及个人的目标，但作为一个艺术家，他却是一个拥有更高含义的“人”——他是一个“集体人”（collective man），一个引领且塑造全人类无意识的心理生活的人。为了履行这一项艰难且巨大的任务，有时他必须要放弃享受正常人应该有的生活。

正因如此，难怪以分析法为主的心理学家对艺术家尤其感兴趣。冲突和矛盾充斥于艺术家的生活中，原因在于，他的内心深处有两种互不相容的力量，一方渴望欢乐、满足和安定的生活，另一方是某种凌驾于所有个人愿望之上且不受控制的创作欲。大多数艺术家的一生都是不顺遂的，假如我们不用“悲剧”这个词语来形容的话——他们作为个人来讲，地位是低微的，这并不是因为他们命运坎坷。一个亘古不变的真理就是，一个人胸中燃烧着创作之火，就必须要付出非常大的代价。每一个人生来就具有某种能力资本。人类的组成结构中包含有某种试图占据并且垄断利用这一项能力的欲望，而将其他弃之不顾。人的动力会被这样的创作欲消耗光，作者的自我就会被迫陷入各式各样的恶习中，比如说残酷、自私以及虚荣心（也就是所谓的自恋倾向），甚至是做尽坏事，以将其生命之光继续燃烧，防止它被侵夺。

一位艺术家的自恋现象就好比是，一个私生子或遭受冷淡对待的孩子，从小他就必须学会怎么样才能保护自身，避免受到那些不爱他，而可能加害他的人，他们发展出这样的恶习，正是基于此一目标，所以今后的一生中，他不是保留了某种无法抗拒的自我中心主义，一直显得极为幼稚，凄苦无依，就是拼尽全力对抗所有的道德。但我们凭借什么能够肯定，只有艺术家的艺术能够对其做出解释，而不是他个人生活中的那些不尽如人意或矛盾冲突呢？原因仅仅在于一个不幸的事实的结果：他是一位艺术家——一个自从降生以来，上天就赋予了他重大责任的人，而不是一个平凡的人。他拥有了特殊的才干，意思也就是说，他大多数的精力都用在了特殊的方面，生命剩下的部分就只有缺失了。

不管诗人知不知道其作品是由他本人产生、进展、而逐渐成熟，还是由于他动了脑筋从虚无中进行创作，这些都不重要。他对这件事的看法并不会改变下面一个事实，他的作品势必会像一个小孩子超越自己的妈妈一般，超过他个人。阴柔的特性包含于创作的过程中，而作品则是从无意识深处源生出来的，或者说是源于母体的。创作力一旦占据了优势，无意识便会对人的生命进行支配和塑造，使其对抗那活动的意志，这样一来，意识自我就会陷入一种暗流中，四处飘荡，自此就会沦落为一个没有任何能力的世事局外人。进行中的工作就会变成诗人的命运，并且同样也会控制其心理的发展。并非歌德创作了《浮士德》，而是《浮士德》创造出了歌德。

除了作为一个象征外，《浮士德》还有什么含义？我所谓的象征并不是某种被人广泛得知的寓意，而是代表某种不太被人们广泛所知、深奥却活生生的存在。这部作品蕴含了某种存在于每个德国人灵魂内的东西，而歌德便是一个促其诞生的人。除了德国人，难道还有人能将《浮士德》或《查拉图斯特拉如是说》创作出来吗？这两部作品所共同处理的东西皆是回荡于德国人灵魂之物——就像雅各布·布尔克哈特[1]提到过的一种“原始意象”，一个全人类的医生或教师的形象。在人类文化萌芽的初期，此种圣贤或救世主的原型意象就已经潜伏于人类的无意识中；只有在人类社会犯下了严重错误，或局势动荡不安时，它才会被惊醒。一个能够指导人们的向导或老师，或一个可以医治人们的医生，只有在人们失去方向时，才会感受到其重要性。此类原始意象数量非常多，但只有在我们人生观偏离正轨时，它们才会在梦境中或者艺术作品中出现。意识生活一旦出现了偏差或错误，它们就被激活——可以说是本能的，于是就显现于梦境中或者艺术家和先知们的幻象中，如此一来，才能使得心理回归到其原来的平衡。

所以诗人的作品适合于他所生存的社会精神的需要，所以他的作品和他的个人命运相比，更加富有意义，不管他本人知不知道。基本上来说，他只是自己作品的工具和附属物，所以我们自然就不能够要求他替我们阐释作品。在表达方面，他已经竭尽全力了，所以，他人或后世应该承担起作品的解说工作。一部伟大的作品就如同一个梦；作品的外表或许是一清二楚的，但其本身不仅无法解释自己，且相当暧昧。梦从来都不会说“你应该”，或者“此即真理”。它表现意象的方式正如自然界植物的生长方式，我们应该自己去推敲其道理。一个人假如做了一个噩梦，他不是过于逍遥自在，便是过度恐惧；假如他梦到了古代的圣人和贤者，那或许是他过度说教了，同时或许是他非常需要良师的引导。站在微妙性这个角度来看，这两种含义是没有差别的，这一点特别体现在我们受到艺术作品的影响正如作品对于艺术家的影响。我们要想体会其含义，就应该接受它对我们的塑造，正

① 雅各布·布尔克哈特（Jacob Burckhardt,1818–1897），瑞士人，艺术及社会史学家，早年在柏林留学，后来在老家做历史学教授。他专门系统地研究了意大利的文艺复兴。

如作者也曾经受到过它的塑造一样。只有这样，我们才能领悟到作者经验的本质。我们会发现，那充满着寂寥和疼痛的意识背后的集体心理所富有的治疗力和拯救力曾经被他利用过；广阔人群生活的内部曾经被他透视过，他从中也尝到了人生的悲欢离合，所以，他就把其个人在内的体悟和挣扎情况传递给了全人类。

回复到所谓的“神秘参与”状况，是了解艺术创作和艺术效果秘密的唯一的办法——回复到人人共同感受的经验,而不是只有个人——个人的苦乐没有了重要性，有的只是全人类的生活经验。为何每一部宏伟的艺术作品均是客观且无我的,但其感染力却并没有因此而减少，这就是原因所在。为何诗人的私生活和其艺术作品间的关系并非非常重要——顶多只能赋予其创作任务一种益处或者阻碍罢了，这也是一个原因。他的生活方式或许像是一个非利士人（比喻没有文化素养且见利忘义的人）、一个好的公民、一个神经症患者、一个傻子或者一个罪犯。他的个人事业也许是不得已的，或兴趣浓厚的，然而都没有办法替诗人本身做出说明。

第九章

分析心理学的基本假定

Modern Man In Search Of A Soul

寻求灵魂的现代人

处于中古时代和希腊罗马世界里的大多数人都相信，灵魂属于一种实体。[①] 实际上，在很久之前，人类的此种想法便存在了，所谓的“没有灵魂的心理学”[②] 直到十九世纪的后半叶才发展出来。受到科学唯物论的影响，只要是没有办法用肉眼看到或用手触碰到的，均被看作是值得怀疑的东西；因为这些东西被看作与形而上学有关系，甚至沦为被嘲笑的对象。除非能用五官感知到或寻到因果关系，否则就会被看作是非科学的或不真实的东西。此种观念上的剧烈变化并非来源于哲学的唯物论，因为变化的路途很早之前就已经铺设好了。当宗教改革的精神变革结束了力求心灵提升、地域限制以及世界观狭窄的中世纪后，欧洲人的垂直观念立刻遭受到了现代水平观的抗衡。自此意识就不再往上升，增广视界取而代之，并且人类

① 实体（substance），也就是独立存在的意思。
② 参考 F. A. Lange（1828–1875）的著作，在德文里，Psychologie ohne Seele 这个词有心理和“灵魂”的意思。

对地球的知识也增加了。这是一个大探索的时代，同时也是一个借助经验的发现去拓宽人类观念的时代。认为只有物质才是实体的观念愈来愈凌驾于认为精神是实体的观念，一直到近来，近乎四百多年后，很多欧洲的主要思想家和研究学者才终于确信，心理是完全依附于物质的，受支配于物质因果律。

自然，我们不能满足于剧变完全是哲学或自然科学所带来的这一说法。对于这种并非理性的看法，很多有见识和思想的哲学家以及科学家往往很不乐意接受，甚至于有的人还会公开反对，只不过他们力量薄弱，缺乏信徒，抵抗不了大众那种赋予物质世界绝对重要性的非理性，甚至是感情用事的信仰。希望大家不要觉得是理性和推理带来了这种观念激变，原因在于，精神和物质的存在性是不足以用一般的推理来证明或反驳的。现今任何一个有脑筋的人都知道，这些概念只是某一种未知与未经过研究的象征，而此种象征通常都是依据人的情绪和性情，或受到时代精神操控而确认或否认的。我们无法阻止一个有思考的知识分子认为心理是一种复杂的生物化学现象，并且本质上只是一种电子活动，或者反过来认为，很难琢磨的电子活动是其自己内部精神生活的外在表现。

十九世纪物质哲学代替了精神哲学的事实，假如仅仅视作一种智识问题的话，那么这一个变化只能算作变了一个魔术；但站在心理学观点看，它却是人类对世界观念前所未有的大变革。精神世界转变成为实事求是的世界；经验领域变成研究各种问题，选取各种目的，甚至是推敲所谓“意义”的国度。触不到的内心活动好像被迫将地盘让给外在的、摸得到的事物。只要不是构建在所谓事实上的东西，它就不存在价值。最起码脑筋简单的人就是这样了解的。

实际上，在处理这种无理性的观念变化时，将其看作一种哲学问题是于事无补的。我们最好不要这样去做，原因在于，如果我们相信心理现象是源自一种腺体的活动此一说法的话，我们自然就会获取现代人的谢意和拥护；反过来，假如我们将太阳中的原子分裂解释为创造性世界精神的放射物，一定会被讥笑为知识分子的异想天开。但是同等的逻辑性、空想性、武断性和象征性是这两种观念共有的。站在认识论的观点来看，无论是从人类去推断动物，还是从动物去推断人类，都是可行的。但是我们明白，达克教授在学术研究上遭遇了异常凄惨的挫折，就是因为其反抗了时代精神，这是一个不容小觑的问题。它属于一种宗教，甚至是一种信仰问题，与理智没有任何关系；但是其含义却表现在一个让人不愉快的事实：它被看作是所有真理的准则，同时也是大众所认为的常识。

仅仅凭借人类的理智过程是没有办法领悟出一个时代的精神的。它是一种趋势，一种对那些心灵较为脆弱的人产生影响的情绪倾向，通过无意识的媒介而带来一种令人吃惊的暗示。不追随现代潮流思想的人，在某种程度上就是不合法的并且让人感到讨厌的，甚至会被视为龌龊的、病态的或冒犯的，所以危害社会的可能性非常大。他笨拙地与时代的潮流逆反。就像之前假设的，上帝或精神创造万事万物的讲法是毋庸置疑的；而十九世纪也有同等不可否认的真理发现，认为万事万物都有着自身物质上的因果规律可循。今天，精神并不创造肉体，相反地，是物质依据于化学原理创造出精神。假如后者不是时代精神特征的话，它一定会被指责为荒诞的。由于众人都如此认为，因此它是崇高的、理智的、符合科学的并且是正常的。精神应该被看作是物质的附属现象。我们即便不使用“心灵”(mind)这个词,而称其为“精神”(psyche),其结论也是一样的;然而假如不说物质(matter),而说脑、荷尔蒙、本能或者精力,其道理也是相同的;但假如我们认为灵魂或心灵是实体物,就严重违背了时代的精神,所以如此说就是异端。

我们的祖先假设人有灵魂,认为这个灵魂是实体物,具有神性且是不朽的,其内部有一种创造肉体的本能,有维系生命的力量,有治疗疾病的功效,并且能够完全脱离肉体而独立生存;又认为,灵魂会与某些没有形体的幽魂来往,在我们的经验范围外,存在着一个其源头是没有办法在现实世界中看到的,而灵魂能够从这里获得关于精神方面的知识的精神世界——我们现在已经发现了,但这一切的想法皆是不合理的猜想。而那些没有达到这一意识境界的人们会觉得,我们认为的物质能够产生精神;认为无尾猿进化成了人类;认为只要经过饥寒、爱情以及权力等动力微妙的相互作用,康德的伟大著作《纯粹理性批判》就可以诞生;认为思想产生于脑细胞……这些皆是一样荒诞可笑,一样无中生有的猜想。

事实上,这万能的“物”到底是什么或者是谁?这不过是存在于人类脑海中的另外一幅万能上帝的图画,不同在于其将神人同形的外衣脱掉了,形成了另一种看起来就好像每个人都能够明白的普遍观念。现今,意识已将其视界和范围大大拓展了;但悲哀的是,其范围仅局限于空间罢了,其时间的限度仍没有拓宽,原因在于,假如后者也开阔了,那么我们对历史的看法肯定就会更加真实。假如我们的意识不只是局限于今日,而是有其历史连续性的话,我们就能领悟出接近于希腊哲学中神道变化的原理，这样一来，在如今的哲学假设上，或许我们会具有更加批判性的看法。但是，时代精神对于我们的阻碍相当之大，所以没有办法奢想有此种可能性。或许我们偶尔会旁征博引，那也只是用来让自己的意见变得更为有力罢了，就好比说："古老的亚里士多德就明白这个原理。"既然事情是这个样子，我们就应该反问自己，时代精神这种难以想象的力量到底是如何来的？无疑，那肯定是一种有极大重要性的精神的存在现象——总而言之，是一种坚不可摧的偏见，除非我们进行适当研究，否则我们一定没有办法找出这一精神问题的症结。

就像上面所说的，想要从物理角度出发去阐述所有的精神冲动，在过去的四个世纪中正好与意识水平的发展相配合，而这一水平的观点就是一种对哥特时代极端垂直观念的对抗。它既然是一种群众心理的表象，所以在处理它时，就不能将其看作是个人意识。与原始人相同，一开始我们对自己的行动完全毫无知觉，等过了很长时间后，才发现为何要这样去做。同时，我们自我满足于所有行为的"合理化的"（rationalized）解释法，但最终会发觉它们皆是不妥当的借口而已。

假如对时代的精神有所察觉，我们便会知晓为什么会急于站在物理角度去阐明一切；我们会知道原因在于，截止目前，依据于精神去解释的做法已经太多了。认识了这点，自然会立刻对我们的偏见进行批判。我们会称：在另一方面，我们很有可能犯着同样的严重错误。我们自欺欺人地认为，就"物质"和"形而上学"而言，我们对于前者的精神理解更多，所以物理因果律的价值就被高估了，认为解释生命的奥妙，只凭借于此已经足够了。然而物质与精神相比，都是一样神秘的东西。对于终极的真相我们原本什么都不知道，只有承认这个，心智才可以恢复平衡。这并非要否认心理活动和脑的生理结构、各种腺体以及整个身体存在的密切关系。我们坚信，意识内容大多数是依据我们的感官认知力而决定的。我们不可以忽视，肉体的本质和心理的性质均一样悄无声息地经由遗传存在于我们的身上，对于那些阻碍、促进或者修正我们心智能力的本能，我们觉得非常吃惊。实际上，我们应承认这恰恰就是原因、目的以及意义：人的心理，不管从哪个角度去看——首先都是某种我们所说的具有形体的、经验的以及与现世的事物的直接反应。紧随着这个认识之后，我们更应该自问，心理是否终究只是一个次生的表象，一种附属的现象——需要完完全全依附于肉体。作为一个有理性且自认在现世务实的人，我们对这个说法进行了肯定。我们只是对“物质”是万能的这一论断持有怀疑态度，这使得我们用批判的眼光去研究科学论断运用于人类心理时的正确性。

近来已经有人提出了反对，认为如此做不仅仅将心理活动低估成一种腺体活动，将思想视为只是大脑的分泌物，这样一来，我们得到的结果就变成一种没有心理的心理学。站在这个观点的立场看，就不应该否认，心理本身并不存在，它是虚无缥缈的，仅是物理作用的表现罢了。然而这些作用具有意识性是毋庸置疑的事实，否则，我们根本就没有办法谈论到心理；假如没有意识，我们不知道从何而谈。所以，精神生活的必要条件就是意识，换句话来说，就是精神自身。这样一来，所谓的“不谈心理的现代心理学研究”，指的就是忽视了无意识精神生活的存在。

现代心理学不止一种，有很多种。这是极其怪异的，原因在于，我们知道只有一种数学、一种地质学、一种动物学以及一种生物学，等等。心理学有如此多的种类，所以美国一所大学才出版了一册以此为标题的书：《一九三〇年的心理学》。我觉得心理学种类多到能和哲学相提并论，因为哲学的种类也非只有一种。哲学和心理学之间有着一种无法分开的题材相关性，这就是我提到这点的原因。心理是心理学的题材，而哲学，简单来说，就是将宇宙作为题材。心理学一直到近来，仍属于哲学的一个特殊分支，但现在我们已经达到了尼采替我们预言的——心理学自身已经逐渐占据了优势。哲学甚至存在着被它吞并的危险。两者都探讨无法完全依据于经验去了解的题材，这就是两大学科之间内在的相似点。两者的学术研究都鼓励思考，而结果都导致了杂乱的意见分歧，包括各个学派的册子自然也就更加厚重了。两者皆不能缺少另外一方而单独存在，并且其中之一向来都为另外一个提供含蓄的，有时甚至是无意识的基本假设。

就像上面所说，如今从物理角度出发去阐释的喜好已经导出了一种没有心理的心理学，我是说，一种认为心理只是生物化学作用下的产物的观点已经出现了。至于一种当代的、科学的、从心理角度去探讨的心理学是根本就不存在的。一种独立且不受肉体牵绊的心理假定，现今根本就没有人敢去尝试创建。精神自在和自为的观念，有其自主世界体系的灵魂观念，是以想要相信有所谓自在的灵魂个体之前所被迫先树立的基本假定，已经很落伍了。但是我必须阐明——1914 年，亚里士多德学会、精神学会以及英国心理学会的联席会议在伦敦贝德福德学院（Bedford College）举行，我在参加这个会议时，于其中的一个座谈会上，众人谈论到了一个问题：上帝的心里究竟包括个人的精神吗？但凡英国人对这几个学会的科学立场有所怀疑，众人肯定会将此人的想法看作是不恰当的言论，原因在于，其中的每个会员都是国内极其著名的人物。也许我是观众里面唯一认为他们所发表的言论像是十三世纪的腔调而觉得惊讶的人。这表明，自主心理存在的观念在欧洲仍没有灭绝，也尚且没有变成中古时期遗留下来的化石。

有了此种观念，我们或许就能够勇敢地表示，有心理的心理学是可能存在的，换句话来说，一门研究学科基于自主的心理为假设是有可能出现的。这一项工作没有受到欢迎，我们不必觉得吃惊，因为实际上，心理和物质的假说都是属于幻想的事情。既然我们对精神怎样源于物理元素的方式还毫不知情，可又不能不承认精神活动的真实性，我们当然能站在另外一个角度去假设，心理源自一种与我们领悟物质时同样难以理解的精神原理。实际上这并非现代心理学，因为所谓的"现代"会否认这种可能性。所以，不管是好是坏，我们必须要回去借鉴先人们的教义，因为他们创建了这个假说。古代人的观念认为，肉体的生命就是精神，精神是生命的气息，是一种在降生时，或形成观念后，就拥有其形体的生命力，当气息断绝后又离开了肉体。精神被视为一种不会延展的存在物，因为它能够存在于肉体成形之前以及消失之后，所以被看作是没有时间性的，是永存的。从现代科学的心理学角度出发，此种观念当然是一种纯属幻想的东西。但既然我们并非弄虚作假，也不是现代才出现的花样，那么对于这一个产生已久的观念，我们应该尽量保持公平的态度去探究，而且检验其经验的正确性。

我们常能从人们称呼其经验所用到的字词中，得到非常大的启示。seele 这个词的起源究竟是什么呢？就好比是英语中的 soul 一词，seele 起源于哥特文的 saiwala 以及古德文中的 saiwalo，这些词和希腊文中的

aialos（意思是流动的、彩色的、红色的）这个词有关。Psyche 是希腊词，它还有“蝴蝶”的含义。另一方面，saiwalo 一词和斯拉夫文中的 sila 有关，其意思是“力量”。依据这些关系，seele 这个词的原来意思就清晰了。它是一种动力，或是生命力。

拉丁文里意思为精神的 animus 与灵魂的 anima，与希腊文里意思为风的 anemos 一词是相同的。在希腊文里，另外还有一个词 pheuma，它的含义同样也是风，但也有精神的意思。我们发现在哥特文里，us-anan 一词有呼气的含义；在拉丁文里，an-helare 一词也有呼吸的意思；在高地德文里，spiritus 翻译成 atun，它的含义是呼吸；在阿拉伯文里，风是 rih，灵魂是 ruch。希腊文 psyche 一词存在着类似的关系，psyche 同样也和 psycho（呼吸）、psychos（凉的）、psychros（冷的）以及 phusa（吹气）等词眼有关。这些关系足够表明，拉丁文、希腊文和阿拉伯文等赋予灵魂的称呼都与流动的空气——也就是“精神的冷呼吸”有关。这也是为何在原始人的观念中赋予灵魂的是一种无形的生命体。

显然，呼吸既然说是生命的象征，那么它本身自然就是生命、活动以及动力。依据原始人的另外一种观点，灵魂就是火或是火焰，因为温暖同样也是生命的象征。此外，更有一种奇怪但并不少见的原始观念，它将名字视作灵魂，一个人的名字就是他的灵魂，于是就演化出来通常取祖先的名字以使其灵魂在新生儿身上再次化身出来这一习俗。依据这个道理，我们能够推断出自我意识被看作灵魂表现的缘由了。灵魂被视作与身影是同一东西也是司空见惯的，所以，踩踏了别人的影子就是非常大的羞辱。同理，在南半球，都认为中午时鬼遭受非常大的威胁；这时其身影会越来越小，意思就是说命不久矣！此种关于身影的观点与希腊人说的 synopados 一词“跟在后面的人”意思类似。希腊人借此表达一种没有办法触碰到的活体感受，这与觉得逝者的灵魂是身影的信仰之说不谋而合。

或许这些例子能够用来阐明原始人对心理学的观点。在他眼中，心理学是生命的源头和原动力，同时也是一种拥有客观现实的鬼魂似的存在。所以，原始人知晓如何同其灵魂交流；它是他内在的声音，而非他本身或他的意识。心理对原始人来说，并非所有主观的以及受到意志控制事物的写照；相反，它是一种客观的、本身自主的，且有着自身独立生命的东西。

从经验的角度来看，此种看法有其公平的一方面，原因在于，不仅就原始人的准则而言，并且站在文明人的角度亦是这样，心理活动都有其客观的一个方面。从广义的角度看，我们意识失去了对心理活动的掌控。比如说，过多的情感我们无法去压制，我们也无法将情绪由坏变好，在做梦时，我们更是没有办法随心所欲。即便是最为聪慧的人，做了最大的决心，也没有办法避开烦扰。我们经常因为记忆玩弄的混乱把戏，感到无助和惊讶，我们头脑里面随时随地都会有意想不到的怪点子产生。我们自以为房主就是自己，因为我们都喜欢自我炫耀。实际上，对于无意识心理的适当调节，我们对其的依赖程度是极吓人的，并且我们需相信它不会背叛我们。我们只要去研究那些神经症病人的心理过程，肯定会对于心理学家将心理等同于意识感到非常好笑。众所周知，神经症病人的心理过程与正常人并无区别，现今究竟哪一个人敢于说他没有神经症呢？

既然这样，我们最好还是承认，将灵魂看作是客观存在物的古老观点是正确的，要将其看作是独立的、不确定的，而且是最不安全的东西。更进一步来说，站在心理学观点的角度来看，将这一个神秘的、吓人的实体物视为生命的源头也是能够理解的。我们通过经验得知，“我”的含义——自我意识——源于无意识。年幼孩子的心理生活缺少任何明显的自我意识，所以，早期的童年在记忆里都没有留下任何的痕迹。然而我们所有智慧的光芒究竟是如何来的呢？我们的热情、灵感和对生命的崇高感情的源头究竟在哪里呢？在灵魂的深处，原始人体悟出生命的源泉，他对灵魂的生命控制力有着非常深的印象，所以，对于所有影响它的东西，他都坚信不疑，所有形式的巫术，他都相信。这就是他为何认定灵魂就是生命本身的原因所在。他从来就没有设想自己能够指挥它，反倒是认为在各个方面，都需依赖于它。

对于我们来说，灵魂不朽的观念不管有多么荒诞，但对原始人来说，却并没有什么奇怪。毕竟灵魂的确是不寻常的。当所有存在物都占据着相应空间时，只有灵魂是不占空间的。当然，我们确定，脑海里贮存着我们的思想，但我们一旦谈论到感受时，就开始做不了决定了；感受好像是在我们心尖上。我们的全身都遍布了知觉。我们的观点是，意识源于头脑中，但是，根据美国西南部印第安人的观点，美国人相信思想源于头脑的看法是癫狂的，原因在于，每一个拥有理性的人都明白，人们在思考的时候，用的是心。有一些黑人部族甚至觉得，他们的心理功能既非源于头部，也非源于心里，而是源自腹部。

除了这一关于心理功能位置的观点仍无定论外，另外还存在着一个难题。除了某一个特殊的知觉范围，一般来说，心理内容均是没有空间的。所以，我们如何描绘思想的体积呢？是小的、大的，还是长的、薄的，是重的、流体的，还是直的、圆的，抑或是其他类型的东西呢？对于这个不具有空间的第四维存在物，如果我们要做形象的图示，那么就应该以存在的思想为模型。

如果我们干脆不承认心理的存在，问题就不会这么难。但是，我们现今已经将某种直接经验握于手中——某物体扎根于我们有长度重量，能够想象出来的，有三度空间的实体物之中，它和这个实体物相比，各个方面以及各个部分都是完全不一样的，却是反射出这个实体物的东西。心理可被看作一个数学点，同时也是恒星的宇宙。难怪有一些无知的人会将这一个矛盾的存在，视为近乎是神圣的东西了。如果它不占空间，自然就没有形体。形体是会死亡的，但是，没有形体的东西难道也会消逝吗？除此之外，早在我会说“我”之前，心理和生命就已经存在了，然而当这个“我”消逝不见后，比如说，生命和心理在睡眠或是无意识的状态中，是仍健在的，我们只要通过观察他人或是从自己做过的梦中，就能够得知这一点。当面对这些经验时，头脑简单的人为何不承认，“灵魂”存活于形体范围以外呢？我不能否认，这一所谓的迷信与相关研究遗传或本能的发现相比，是一样的，并没有什么荒唐的。

如果我们记得，人类在原始的文化中，向来都将梦和幻象视为知识的来源，那么我们就不难明白，为何以前较为高超的，甚至神圣的知识，都被看作源于心理的缘由了。诚然，无意识的确包括了高超的透视力，且是非常令人惊讶的。因为认准了这一个事实，梦和幻象才会被原始社会看作是知识的重要来源。伟大的永久的文明，比如说，印度和中国的文化就是在这个基础上建立的，从此处出发，发展成为一套原则体系，也就是“自我产生知识”，无论是在哲理上，还是在实行上，都具有极其深刻的成就。

将无意识心理看作知识源泉的极度推崇，并不像西方理性主义所猜疑的，是一种自欺欺人的东西。我们偏向于假设，归结到根本上的所有知识都是外来的。但是，我们今天都十分了解，假如无意识的内容可以转化成意识的内容，我们的知识将会增加非常多。如今关于动物本能的探究，比如说昆虫，已经带来了非常广博的经验发现，甚至证实假如人能够如昆虫一般行动，那一定会比现在更加聪慧。诚然，我们没有办法证实昆虫拥有意识知识，但根据一般常识，我们就能确信，昆虫无意识的行为模式就是它心理功能的结果。人的无意识一样也拥有从他们的祖先遗传下来的所有生活方式和行为，原因在于，每一个孩子，在其意识之前，都具有潜在系统，能够接收心理功能。相同的是，这个无意识的、本能的功能在成人的意识生活中，也都是永远存在的、活动的。为意识心理的一切功能做准备是这些活动的主要目的。

无意识相较于意识心理，同样能够透视，同样有目的、有本能、会感觉、会思想。在精神病理学以及梦的过程研究中，我们找寻到了很多有关的证明。心理意识和无意识的功能仅有一个基本的区别。意识通常都很强烈、集中，并且是过程性的，目前以及当下的注意范围是其方向集中的地方；除此之外，它仅局限于能够代表个体几十年经验的材料罢了，大批的“记忆”并不是直接的，且主要来自印刷品。但是无意识的情况就大不相同了。它只是隐隐约约，不集中，也不强烈；它无所不包，同时包含非常矛盾的各种元素；除了大量的高明见解外，它也是人类世代相传的遗传因素的积累，甚至也能够掩盖人种的差异。如果我们将无意识拟人化，其实可称之为一个兼具两性特征，跨越青年和老年、生和死，甚至是掌握人类一两百万年经验的、永存的集合人。如果真的有这样一个人存在，他肯定是超越了变化的人；于他而言，当前的时代与耶稣诞生前一百世纪中任何一年相比，根本就没有什么区别；他是会做古老的梦的人，并且因为他的广博经验，肯定会成为举世无双的预言家。他的生命将会超越个人、家族以及部族和人类的寿命，并且他对生长、开花以及凋零，肯定会有形象的感悟。

不幸的是——或者也可以说，非常幸运的是——这是一个梦。最起码，我们觉得，对于它的内容，在梦中出现的集体无意识好像是没有意识的，虽然我们还不能确定，就好像在昆虫方面，同样也没有办法确知真实情况一样。除此之外，集体无意识好像不可能是个人，而是如同一条奔流不息的河流，或如同在我们梦中出现的一大批或在不正常的心理状态下闯入意识界里的形象和人物。

无意识的这种庞大经验体系如果被称作是一种幻想，是极其怪异的。原因在于，具有形体的、能够触碰到的肉体，本身就是此种体系。它自身仍拥有显著的原始进化痕迹，并且是一个有目的和功能的整体，否则我们如何能够生存下去呢？没有人会把比较解剖学或生理学看成是不经之谈吧。所以，我们绝对不能否认它是一门学问、一个拥有研究价值的瑰宝，更不能将其斥责为某种奇想出来的物质。

就其外在来说，心理对于我们纯粹是外在事物的反映，不仅仅是由其引起的，也是从其发源的，并且我们亦觉得，只有从外在和意识方面入手，无意识才有可能被解决。众所周知，弗洛伊德就是从这个方面着手的，这表明只有在无意识和个人意识同时存在时，拼搏努力才有可能取得成就。但实际上，无意识是一种潜在的心理功能体系，它是由人类代代传承下来，并且很早就已经存在的，而意识却是无意识的后代。假如我们试图站在后代的立场对祖先的生活进行解释，那就非常不正常了。同时我的观点是，认为意识派生出了无意识的观点也是不正确的。如果我们站在反方向去思考，会与真理更加贴近。

但是，这就是过去时代的观点，在过去，大家向来主张依赖一个精神的世界体系，个人的灵魂才得以存在。这也并不奇怪，因为，他们比较熟悉那些藏匿在个人的意识门槛下的珍贵经验。在过去的几个世纪中，他们不仅已经打造出了一个和精神世界体系有关的假说，并且也坚信此体系是一个兼具意志和意识的实体——甚至是一个人——他们表示这个存在物是上帝，也就是实体的精华。对于他们来说，在所有的存在物中，它是最为真实的，是最开始的原动力（第一因 first cause），同样也是认识灵魂的唯一媒介。从心理学的角度来看，此种假设有其道理存在，因为对于那种近乎是永恒的存在，那种和人的经验相较而言近乎能够算得上不朽的经验，将其称为神也是自然的事情。

不站在物理的立场去解释一切事物，而借助一种主要原理既不是物质或数量，也不是任何能量状态，而是上帝的这样一种心理学，可能会产生的问题上面都逐个指出了。在面对此种情况时，或许我们会受到现代哲学的影响，而将此种能量或生气勃勃之气称作是上帝，把精神和自然混合为一。不过我们只要不越过这个幻想哲学的篱笆，便不会有什么太大的关系。但是，假如这种观念被我们运用于实用心理学的低层次范围中，运用在平时生活的言行中能够得到结果的心理学阐释中，便肯定会产生很严峻的困境。我们创建的一套心理学，并不想一味地迎合学术界的口味，我们的解释方法同样也不想这样。一种能看到效果的实用心理学，一种能对病人起到疗效的心理学，才是我们所期望的。我们在应用心理疗法时，试图尽力让每个人都能够回归到正常的生活，我们并不是肆无忌惮地去创立一种与患者并无关系，甚至有可能会对他们产生伤害的理论。所以，我们的解释究竟是建立在物质还是精神的基础上的问题，是现今遇到的一个有很大危险的问题。

我们要记住，从自然律的角度出发，只要是精神便都属于幻想之物，所有证实灵魂存在的观点都会将某些可见的物理事实违背或抹杀掉。我如果只认同自然律的价值，并且在阐释所有事物时都根据物理原则的话，就肯定会贬低、阻挡或毁坏患者们的精神发展。而假如我顽固坚守某种精神的解释法的话，一个人作为一种物理性存在的正当性就会被误解和毁坏。只要犯下了此种错误，那么避免不了在心理治疗的过程中会有更多的自杀患者出现。究竟能量是神或神是能量的问题，我并不在乎，因为对于这件事情，我总归没有办法去了解。但将恰当的心理学解释提供出来，却是我分内的工作。

现代心理学家的立场并不是二选一，而是在两者之间徘徊，犯下了“二者均对”的严重错误。此种立场顺理成章地就替浅显的机会主义开拓了道路。这无疑是所谓的相对巧合的（coincidentia oppositorum）危险——相对的学术听其自然的现象。两种假设明明是相互矛盾的，却被看作具有同等的价值，自然就会造出很多杂乱无序的不定论。与此相反，我们非常欣赏一种一点都不含混的解说原理的优点。它会提供一个能够作为理论依据的立足点。我们在这里会遇到一个极其困难的问题。我们应借助一种建立在事实上的解说原理，但实际上，现代的心理学家已经没有办法做到一方面坚守物理存在的实体性，另外一方面又兼顾精神面的重要性了。它也不可能只强调后者的重要性，因为，物理性解说法本身的实在性是不能够被忽略掉的。

下面就是我尝试解决这个难题的办法。自然和心理的冲突本身就是人类心中矛盾的反射。在我们还没有办法熟识心理生活的本质时，这就是一种物质和精神矛盾现象的揭露。我们知道，对某种东西，在还没有了解或没有办法了解时，就急于要发表什么理论——说句心里话——我们肯定会产生自我矛盾，我们为了让自己说出的话显得周全，在面对这个困境时，会把这种东西拆分成对立的两个部分。人生中精神和物质的冲突现象只阐明了一点，从根本上来说，心理是一种让人很难理解的东西。毋庸置疑，我们唯一最切身的经验就是内心活动。所有我所经验的都是心理的经验，甚至肉体的疼痛同样也属于经验范围内的心理事件。我的感官印象——虽然会在我的脑海中呈现出一个充满看不清的物体的占有空间的世界——也属于一种心理现象，而这些就是最为切身的经验，因为我意识界中最切身的东西就是它们。我的内心甚至改变事实的状态，会伪造对事实，在这种情况下，我就要借助人为的办法，以便探寻事物的真相是不是真的像我看见的那样。这样我才能知晓，音调是某一种空气的振动频率，或颜色就是有着某种波长的光波。因为心理形象包围住了我们，所以没有办法看到身外之物的真正性质。心理影响了我们所有的知识，既然心理是最为切身的，所以也是最为实际的。心理学家所能借助的实体物就是心理实体物。

如果我们对这个观念再进行深层次研究，便会发现，某些心理内容或者形象似乎和我们的肉体是相同的，来自外在环境，另外有些则来自和外在环境大不相同的心理源泉。不管我想将期望买的车描画出来，或试图将我逝世父亲的灵魂状况想象出来——不管它是种外在的事实，或一种我脑海中的思想——两种活动都属于心理的实体。唯一不同的是，前者的心理活动和物理世界相关，后者则和精神世界相关。假如我改变自己对实体的观念，转而承认所有的心理活动均是真实的——这个观念仅有的用途就在这里——那么我就可以消除基于物质或精神两种解释原理之间的矛盾，二者都可以用来说明在我意识境界中的特定内容的特定来源。如果我被火烧伤了，我并不怀疑火的实在性，但当我被鬼会出现的惧怕心理包围时，就认准那是个幻想。不过，火是一种物理作用的心理形象，其本质直到如今仍旧是个谜团，令我感到惊惧的鬼同样也是某种心智来源的精神形象，鬼的本质也是未知的；鬼与火都是实在的东西，因为我的惧怕感以及被火烧伤的痛苦感都是真实的。至于我害怕鬼背后的心理作用——和我们对物质最极限性质的了解程度是一样无知的。就像我研究火的性质时，只想依据于化学和物理原理一样，除了根据心理作用的原理外，也没有想到要运用其他的办法去解释怕鬼的心理现象。

一切切身的经验均是心理作用的，最为切身的实体物只能是心理的这一事实，阐明了原始人为何要将鬼的产生和魔幻的力量拿出来与外在事件相提并论。他仍然没有将自己天真的经验撕裂成两个对立的部分。精神和物质在他的精神世界中仍混合在一起，他的神明们仍是经常在森林和田园中漫步。他像是一个涉世未深的孩子，仍被包围在心理世界的梦境中，他仍未遭受到像茅塞初开的人所遭遇到的那些被迫面对现实的折磨。当原始世界解体成精神和自然两部分后，西方人是敬重自然的，这是对自然的一种信仰，但是想要将其精神化时，却会踌躇于极其痛苦的努力中难以走出来。相反地，东方人却将物质阐释为幻想，将精神视作主体，所以，直到如今，他们仍处于亚细亚的污浊与贫困的梦境中。既然地球仅有一个，人类也仅有一种，东方人与西方人自然就不会把人类撕裂成不一样的两部分。心理的实体是一个完完整整的东西，它等待着人类进化发展到不会只信仰一部分而不承认另外一部分，而是肯定二者均是同一个心理的构成元素的意识境界。

我们可以说,现代心理学最重要的成就之一就是心理实体的观念，虽然目前认识到它的人还不多。我认为，这个观念被大多数人接受只是时间的问题罢了。它必须被大家所接受，原因在于，唯一能够让我们为心理现象的所有多样性和独特性做彻底阐明的观念就只有它了。如果缺乏这个观念，心理经验就免不了会被我们解释得杂乱无章；我们拥有了它，就可以为那些表现在迷信、神话、宗教以及哲学中的心理经验进行恰当的评论。这种精神生活的价值是万万不能低估的。借助于感官得到的真理，或许会让理智满意，但对于那些激起我们的感觉以及让人生彰显意义的东西来说，却毫无益处。感觉在善恶判断中都是非常关键的决定性因素，如果感觉没有办法协助理智，通常后者就会无能为力。难道理智和善意曾让我们免于世界大战的劫难吗？难道它们曾让我们免于其他没有意义的灾难吗？是否存在任何伟大的精神或者社会革命是推论出来的？——比如说，希腊罗马世界走入封建时代，或是伊斯兰文化的快速散播。

作为一个医生，我与这个世界并没有直接的关系，我的责任只关乎那些患者。直到近来，医学一直假定应当只看重疾病本身的治疗，但是修正这种错误看法的呼声愈来愈高，它们所要求的并不仅仅是疾病本身，而是治疗患者本人。在对心理疾病方面的治疗，也有着相同的要求。我们的注意力越来越从有形的疾病转移到了病人整个人身上。我们已经知道，心理疾病并不是某一个特定部位的问题，不是一种能够确定地划分出界限的现象，它是一种整个人的态度出现不正确的征兆。所以，我们应该从整个个体去入手治疗，这才是正确的做法，仅仅局限于毛病本身的治疗法，想要痊愈是不可能的。

我忽然想起来一个具有参考价值的病例。有一个年轻人，非常聪慧，他在医学文献上作了一番苦心钻研，一项关于他本人的神经症的详细分析结果完成了。他将成果整理成一篇很工整的、可出版的论文拿给我看，恳求我将他的原稿看一遍，并且让我讲明他没有办法治愈的原因。根据他所理解的科学原则，他认为他是可以治好自己的。我看过他的论文后，不得不坦诚地跟他说，如果治疗方法是将可以看出神经症的因果关系作为达到要求的话，他是能够治好的。但情况却并非这样，所以我推断，肯定是他的人生观根本就是不正确的——虽说通过他的病征是不能看出来的，这点我承认。我看过他的自述后，我注意到他经常前往圣莫里茨（St.Moritz）或者是尼斯（Nice）过冬。所以我问他，他度假的钱是谁给他的。他跟我说，有一个贫穷的老师非常爱他，简直是把他宠坏了，想都不想就把钱给他，让他去玩乐。他的神经症病因就在于缺乏良心。于此，我们就不难明白科学的透视法为何无法帮上他的忙。他最基本的错误便是他的道德态度。他觉得我判断问题的方法非常不科学，在他的眼中，道德和科学是毫无关系的事情。他妄图通过科学的观念来摒除他无法忍受的灵魂不安。他甚至否认内心存在冲突，因为他觉得，他的情妇是完全自愿地出钱供他玩乐的。

我们可以选择站在任何科学的角度，但问题是，对于他的这种行为，大多数的文明人都是没有办法忍受的。如果一个心理学家想要不犯错误的话，道德观就应该被他看作是人生中的一个关键因素。心理学家更应牢记在心的是，有些宗教信仰并不是建立在理智上的，对某些人来说确是人生的必需物。原因在于，可能这些就是造成疾病并且治好疾病的心理实体。我无数次听到患者这样喊道："我如果早就知晓我的人生是有意义、有目的的，那该有多好。如此，我的心理就不会出现这种问题了。"这个人不管是贫穷还是富有，是否有家庭或有社会地位，情况都是相同的，因为外在的环境已经没有办法赋予他的人生任何的意义。问题是，我们所谓的精神生活，才是他所需要的，这是他无法从大学中、图书馆里，甚至是教堂里得到的。他并没有办法接受这些能够提供给他的东西，因为这些东西只能填满他的脑袋，不能激起他内心的共鸣。在这种情况下，医生看出精神因素的真相是非常关键的，而患者的无意识会逢迎他的需求，协助他去做关于宗教性内容的梦境。所以，否认这些内容的精神来源就是不正确和失败的治疗法。

对心理性质有通盘的概念可谓是心理生活中必不可少的组成因素。我们不难从那些意识达到一定水准因而观念也非常清晰的人身上找到印证。只要是部分缺乏或者是完全缺乏这些观念的文明人，就是堕落的表现。原因在于，心理学一直到目前，始终都是朝着物理因果关系的方向研究心理作用，因此未来心理学的任务就是要从心理因素的角度去探讨。但如今心理科学的进步情况并不比十三世纪的自然科学强，我们如今才刚刚开始用科学的眼光去研究心理经验。

假如现代心理学夸耀已经拨开了笼罩在人类心理上的阴影的话，所指的应该只是研究者向来都没有观察到的生物学面貌罢了。我们可以将眼前的情况与十六世纪的医学发展情况进行对比，由于当时大家才刚刚开始研究解剖学，所以对生理学没有任何观念。在心理的精神方面，我们眼前所认识的部分非常有限且是零散的。在很多场合中，精神状态在很大程度上制约了心理历程，比如，闻名的原始人成年入会礼和印度的瑜伽术所产生的状况，等等。但是其特定的一贯法则，我们仍无法获知。我们只知道，这些过程所发生的骚动是很大一部分神经症的起因。目前心理学方面的探究仍未除掉人类心理上的很多神秘部分；它和人生中的很多秘密相同，仍是让人感到极难理解、极为暧昧。我们只能尝试把我们要去做的和期望未来要去做的提出来，尽力去寻找解答这一个大谜团的办法。

第十章

现代人的心理问题[1]

① 本文经过原作者荣格的修改。

寻求灵魂的现代人

Modern Man In Search Of A Soul

因为现代人的心理问题与我们所生存的时代关系过于紧密，所以我们无法做出任何公平的推断。现代人是一种结构独特的人类；现代问题是一个刚刚产生的问题，其答案还在将来。所以，我们要谈论到现代人的心理问题，顶多只能将一个问题进行叙述，假如我们想要找寻到隐约的痕迹和线索，或许应当从不同的角度去阐明。并且，所谓的问题似乎很不清楚；因为事实上关系到全人类，它便成为远非个人能够完全控制的问题。所以，我们去探究这样的一个问题时，就应该自然而然地怀着非常谦虚和谨慎的态度。对这一个工作，我有着强烈的自信心，并且同样期望世人能够重视它，原因在于，这些问题促使我们运用一些庄严的措辞——同时在讨论问题时，我个人将不得不使用一些乍听起来让人感觉并不温和以及谨慎的口气去评论某些事情。

首先，暂且让我说一个看似缺少谨慎态度的例子。我们所说的现代人，是一个可以感知到现代状况的人，并非人人都是。他是一个屹立在高地之上，或位于世界最边界的人，在他的眼前，是茫然无知的未来的深渊；在他的头顶上，是苍天；在他的脚下，是历史已经覆盖着一层原始迷雾的全部人类。现代人——或让我们再次重复“最为现代的人”——可以说是屈指可数的。有资格被赋予这个头衔的人，是非常稀少的，原因在于，这种人应当是觉悟程度最高的人。既然作为地道的现代人就必须要彻底地感知一个人的存在性，那么它的意识性应该是剧烈而广大的，它的无意识性应该是最微小的。我们都知道，一个人生活在现在并不足以被视为现代人。原因在于，如果真是这样，那但凡现在活着的人都能说是现代人了。实际上，只有对当前拥有最强烈的感知力的人，才称得上是现代人。

一个被我们称作地道的现代人的人，是孤独的。他之所以如此是有必要的，并且自古以来就是如此，因为每次在他准备更进一步迈向意识领域时，他便和原来与大众“神秘参与”——埋没在无意识中——的最开始的状态距离越来越远。每当他准备抬脚向前时，他的行动就等于强制他离开那无远弗届的、原始的、包含全体人类的无意识。站在心理学的观点来看，即便是在如今我们的文明社会中，大多数最低阶层人们所过的生活与原始民族近乎是同样的无意识。高一级别的人则可以随着人类文化的萌芽而开始展现出一定程度的意识，唯有处于最高级别的人，其意识程度才能追赶上以前几个世纪以来的生活脚步。只有符合我们对该词所下定义的人，才能称得上是一个真正生活在现代的人；他是唯一拥有今日知觉的人，并且是仅有能察觉随波逐流的生活方式非常无趣的人。他对历史的价值和奋斗的故事已没有了任何的兴趣。所以，他已经是一个地道的最“不历史的”人，并且同那些完全生活在传统里的民众疏远。实际上，只有当他来到了世界的边缘，才能称得上是一个地道的现代人，他必须要彻底丢弃所有前人遗落下来的腐朽之物，意识到他如今屹立于一片广阔的田野前，任何事物都有可能会发生。

或许，上面的一番话听起来让人感觉极其空洞，是一番老生常谈。难道说世界上还有比假装出一副现代面孔更容易的事情吗？事实上，世界上有数不胜数的人表面上假装出一副现代人的样子，而事实上，他们却跳过了应当经历的很多生活发展的过程，并且忽略掉了他们应该要履行的很多人生义务，他们猝不及防地在一个真正的现代人身旁出现，让人一看就知道他们是没有根的人，是吸血鬼，他们展现出来的空虚让人误会是现代人的孤寂，所以就让真正的现代人觉得异常恶心。他们及其同类佩戴着假的面具，藏匿在察觉不出的人群中，就是一些伪现代人。对于他们，我们没有任何办法；这种所谓的“现代”人是有毛病的、值得怀疑的，过去是这样，现在也是这样。

真正的现代人不会去仿效别人，能够安于贫穷，并且发觉其中的意义，而且更痛苦的是，——是一个不接受所有历史赋予他的荣耀的人。“不历史”就犯下了普罗米修斯的罪过，所以，从这层意义来看，现代人是生活在罪恶中的。高一级的意识，在某种程度上可以说就像是背负罪过的重担。不过，就像我所说的，只有一个不仅超越了属于过去的意识阶段，并且完全履行了世界委派给他的义务的人，才有可能到达充分的现代意识境界。为此他必须是一个看法正确、才能广博的人，一个不仅是和其他人拥有同样的成就，而且要超越他们的人。只有借助这些才干，他才有方法进入到高一级别的意识境界。

我深深明白，才能广博的讲法肯定会让伪现代人觉得特别刺耳，因为它提醒了他们的欺诈行为。但是，我们并不会打消我们将这个观念看作是品评一个现代人的准则。我们不得不这样做，除非他是一个才能广博的人，否则自称为现代的人或许只是可耻的投机取巧分子。他必须要真正的才能广博，因为假如他无法凭借着自己的创造力弥补那些反抗传统的缺陷，那么他就只是一个背叛了过去的人。如果我们将否认过去的传统与肯定现在的意识看作是同一码事，那就完全是自己骗自己。“今天”处于“昨日”与“明日”中间，是以前和未来的桥梁；除此之外，没有其他的意思。现代只是一种过渡程序，而只有意识到这一点的人才能够称得上是现代人。

有非常多的人自称是现代人，特别是那些伪现代人。所以，往往只有在那些自称是老古董的人中才能寻找到真正的现代人。他做此种选择有着自己充足的缘由。原因一，他强调以前，目的是要在冲破传统和我说过的罪过之间寻求平衡；原因二，他想要免去被人误解为是伪现代人。

每一种优良的品质均有其不好的一面，所以只要是世界上的善，必然也有其恶。这是让人感到悲伤的事情。正是因为这样，现代的意识或许会造成基于幻想基础上忘乎所以的危险：人们往往幻想我们正处于人类历史上的鼎盛时期，幻想自己就是无数世纪以来的结晶。如果真的是这样，我们就应该明白，也应该勇敢无畏地承认自己的无知：我们同时站在几千年以来希望和期望走向绝望的边界。基督教宣称它的理念已经接近两千年，我们眼睛看见的是在基督教国家之间存在的世界大战、铁丝网以及毒瓦斯，而并不是救世主再一次降临的天国千福年。这真的是一场天国和人间之间的大劫难。

面对此种情景，我们不免要灰心丧气了。现代人的确是活在鼎盛时期中，但他明天就会被超过；他的确是古老年代发展的成果，但同时他也正处在人类希望中最悲惨的无望境地。现代人深深明白这一点。他已经了解科学、工业技术以及组织可能产生的利益。同时他也看见，那些“善良”的政府为和平铺设道路时，总是试图用“在和平中准备应战”的原则，最后反倒导致欧洲近乎崩溃。在炮火的洗礼下，理想、基督教的教会、大同世界、国际社会民主和经济利益的巩固，等等，都没有办法在现实的考验下幸存。

如今，世界大战已经过去了十五年，我们又看到类似的乐观主义、相同的组织、政治渴望以及口号，变得流行起来。我们怎么可能不感到害怕呢，到最后它们是不是会带来更大的劫难呢？对于那些在无理性的战争中所达成的协议，我们感到质疑，然而却仍希望它们能够尽可能地产生效果。面对这些缓和的举措，我们忧心如焚。从整体角度出发，我坚信，假如现代人遭遇到的心理打击是致命的，因而最终已陷入了困惑的深渊，这并没有言过其实。

这些话，我想显然能令人们看出，是出于一个医生的立场。医生向来都想诊断出疾病，而我就是一位非要成为医生的人。但是，医生不应该把原本没有病的人看出病来。所以，我并不想说，大多数的西方人和少部分的几个东方国家都患病了，或西方世界已经近乎崩溃的境地了。事实上，我也没有资格随便下结论。

诚然，我对现代人的心理问题的研究，大多是基于我与他人接触的经验，以及我利用自身学识去理解现代人们遇到的心理问题所感受到的经验上。我对上百个具有教养的人的个体的心理生活有着一定程度的了解，患病的和健全的都包含在内，他们来自白人世界和文明世界的各个角落；而我的叙述就是借助这些经验。无疑，我只能描述其中的一面，原因在于，我观察到的都是其心理生活的活动；这些都是深藏于我们内心的东西——甚至可以说是在心的内部。在这里我必须要阐明的是，心理生活并非永远都这样；并非随时随地都能够从心的内部找到心理，有时能从全人类的不叫作心理生活的整个历史中找寻到。比如说，我们可以随便挑选出一个古文化，尤其是埃及古文化中极其富有客观性、诚恳招认罪孽的文化[①]。我们不能只将巴赫的音乐视为个人情感的表现，同样，我们也无法将金字塔与塞加拉（Sakkara）坟墓视作只是个人问题和个人情感的表现。

只要是通过一种外在形式，不管它是祭典性质的或是精神性质的，人的所有精神愿望都能因此得以实现，其情绪得以排解——其中现存的宗教，我们可以将其作为说明的例子——那么我们就可以说，这是人类心理的外在表现，且严格说来，心理问题将不会存在。依据这个道理，心理学的发展可以说完全是以前几十年间的事，虽然早在这之前，人类就具有了能够辨别出心理学题材事实的智力和反省力。技术知识方面的情况也是这样。很早之前，罗马人就已经详知建造蒸

① 按照埃及人的传统说法，一个死掉的人在阴间接受审判官的审问时，他没有必要提那些犯过的罪，而没有犯过的罪必须要和盘托出。

汽机的基本机械原理和物理原则了，但结果这些东西只被亚历山大大帝用来制造玩具而已。由于当时缺少迫切的需要，所以没有进行更深层次的研究。时间推移到十九世纪，由于劳工分类和专门化的需要，因此才有了利用一切可以应用的知识的必要。同样，由于我们如今开始感悟到精神上的需求，因此才会有心理学的“发现”。诚然，以前从未人怀疑心理不存在的情况，只是以前没有引起人的注意——对于它的存在，没有人注意到。人们和它在一起，却没有看见它。但是，假如今天我们不尽全力去研究心理的运作方式的话，就没有办法继续生存下去了。

医学界人士是最早注意到这个现象的；原因在于，牧师仅是专心致志地将精力集中于创立一个不受干扰的心理机制，且归属于人们公认的信仰体系中。假如这一体系可以将生活真正地表达出来，那么心理学就只能变成健全生活的附属品，而心理本身也就不会再有问题了。当人类仍过着群体动物的生活时，他自己可谓是没有心理的；事实上，精神生活于他并非不可或缺，只需和正常人一样，信仰灵魂不灭说就行了。但他一旦觉得无法再忍受诞生地宗教形式的约束——这个宗教已不能包容他生活的全部——那么心理学就变成能只以教会的标准去对待的独立存在了。如今，我们为何有一种将经验作为基础，而非信仰教条或者任何哲学体系为基础的心理学，这便是原因所在。我们之所以有这种心理学，我认为可以说是一种精神生活的深度不安现象。

事实上，一个时代的精神生活的分裂与一个人的精神生活的剧烈变化，其形式是相同的。只要一切都正常，精神适当正规得以运用，我们内心就不会产生不安的感觉。我们不受迷惑或者疑惑的侵袭，就不会出现崩溃的现象。但是只要任何一两个精神动向遭受了阻挠，我们就会有犹如河流遭受堵塞之感。水会倒流向自己的发源地。内在的人需要一种外在形体的人不需要的东西，于是，我们的内心就有了冲突。我们只有陷入了这一惨痛的境地后，才会发现心理；换言之，我们才开始感悟到，意志已经遭受了阻挠，这确实是让人迷惑不解且充满恶意，我们的意识观也是没有办法容纳的。弗洛伊德在精神分析方面所下的功夫，将这一点阐明得最清晰。他最开始发现的是，一个文明人的意识观和不正当的性生活以及犯罪意念的表面意义是水火不容的。一个人只要受到了这些观念的影响，就是离经叛道者、罪犯或疯子。

我们不可以假定说，这部分的无意识或人类心理中的前端部分为全新出现的东西。在每个文化中，它或许已经存在很长时间了。每个文化中都出现与它相反且对它造成破坏的东西，但在我们之前的文化或文明都不曾被迫对这些心理的潜流进行一本正经地研究。心理生活向来都是凭借着某种形而上学的体系表达出来。不过，有意识的现代人虽已极其顽固地尝试了所有不同的方法，如今也不得不承认精神力量的强大性。这就是现在和过去的不同之处。我们已不得不承认，无意识兴奋时的强大的影响力，至少在目前，我们已经没有办法运用自己的理智去对抗的精神力。甚至，我们已把这些力量当成一门科学来研究——这可以说是我们热衷于此的证据之一。对前人来说，它们是能够被忽略的东西；但对我们来说，它们就像是一件内萨斯衬衫（a shirt of Nessus），是脱不下来的。

世界大战的劫难所带来的我们意识观的革命，已经在我们的内心生活中产生了，它摧毁了我们的信仰和价值。我们通常讥讽外国人是政治和道德的堕落者；但是，如今的现代人已经被迫承认，站在政治和道德上来看，他同任何一个外国人相比，都是相同的。我以前总是坚信，让他人遵守秩序，是我的责任；如今我不得不承认，我应当纠正自己了。我之所以义无反顾地这样做，是因为已经看得非常透彻，对于理性世界组织存在的可能性，我感到非常渺茫。那种千福年的古老梦想以及大同世界的期望，都已经逐渐失去了光彩。现代人在此方面的迷惑，已经让他原本对政治和世界改革的热情冷却了；更有甚者，对于应用精神力量于外在世界已经有些悲观了。鉴于他的困惑，现代人必须反求诸己，他的能力已经开始流向其来源了，把始终就在那里的，但因昔日水流向来平顺而深藏于泥潭中的心理内容冲刷到了水面之上。

在对世界的看法方面，中古时代的人和我们有所不同。对于他们来说，地球固定于宇宙中，并且是不动的，而四周就是给予它温度的太阳。所有的人类都是上帝的子民，受到永享快乐的天神爱抚；他们都非常明确知道自己应该做的，如何在一个腐败的世界中拯救自我，以追求永远快乐的人生。对于我们来说，即便在梦中，也不会再有这样的生活了。这个可爱的面纱，早已被自然科学撕成了碎片。那个时代就如同孩童时代一般，距离我们已经非常遥远了，那时，孩子们坚信父亲是世界上最为英俊和强壮的人——就是那样的一个时代。

现代人已经丢失了中古时代兄弟们所具有的心理信心，物质安全、幸福以及高尚等理想已经替代了现代人的信心。但是要想实现这些理想，自然需要更多的乐观成分。如今，甚至连物质安全也成为了幻影，原因在于，现代人已经开始察觉，在物质上的每一次“进步”势必会带来另一次更惊人的劫难的威胁。只凭借这种情况，就已足以让人觉得胆战心惊了。如果有人看见现今的很多城市设置了全套设备，并且经常举办“演习”，目的就是为了预防有毒瓦斯的攻击，不知道他们会产生什么样的感想？他们仅有的方法就是假定这种袭击都已有了计划，都已准备妥善——同样也是依据于“在和平之中准备应战”的准则。如果让人将毁灭性的武器都集中在一起，那么他心里面的魔鬼肯定忍不住会对其予以致命的应用。众所周知，足够的武器只要放置在一起，就会自动发生爆炸。

“对抗转化”（enantiodromia）法则是由赫拉克利特指出的，是应对危急情况的临时方法，它已经悄悄进入了现代人的心里，让其感到惧怕，让其在面对这些野蛮的力量时，对社会和政策力的最终效果失掉了信心。假如，他开始离弃这个充满绝望、完全由不停建设和毁坏而构成的盲目世界，开始探究自己内心深处的话，他肯定会发现，那也是一个他愿意远离的充满杂乱和黯淡的地方。内心生活的避难所甚至已经被科学摧毁了。曾经是避风港湾的地方，现在已经成为让人感到恐惧的地方。

然而，我们能在内心深处发现如此多的魔鬼，已算是一大安慰了。最起码，我们可确信，我们终于找到了人类的恶根。尽管刚开始时，难免吃惊和失望，不过由于这些都是我们内心的最好说明，或多或少我们已将它们掌控在手中，所以，我们能够纠正它们，或者最起码可以有效地消灭掉。我们想作个假定，假如真的能够成功的话，我们肯定可以把世界上的某些罪恶清除掉。我们愿意去假想，对于无意识及其运作方式，既然我们已经拥有了如此广博的知识，每个人都将了解一个不自知其不良动机的政客，而不被其所骗，报纸会对这个政客进行提示："麻烦你接受分析吧，你已经患上了压抑的恋父情结。"

我之所以选取这一个怪异的例子，目的是要指出，我们每个人的心中都有一个荒谬的错觉，认为只要是心理之物，就在我们的控制范畴内。诚然，通常来说，世界上大多数的罪恶，都在人类处于昏沉的无意识的情况下产生的，只要慢慢有所发觉了，我们就会同这个罪恶的根源战斗。科学让我们拥有了对抗外来攻击的能力，而觉察就可以帮助我们去处理来自内心的问题。

过去二十多年来，对"心理学"普遍兴趣的增长已足够证明一点，也就是现代人已经或多或少开始将注意力从物质回归到内在的问题了。我们该称这仅是一种好奇的现象吗？在某种程度上，艺术能够预计人类未来的基本看法会出现怎样的变化，对于更为常规的主观变化，表现主义者已经将其选为自身表现的题材了。

现今的此种心理学兴趣表明了，人类已期望从他未曾在外在世界中接收到的心理生活里有所获取——某种显然是在宗教中，但已无法寻到的东西，至少对于现代人来说的确是这样的。宗教的很多仪式对现代人而言，已经不再是发自内心的宗教，也不再是其精神生活的体现；在他眼中，那仅能被归入外在世界中的东西。他已经无法获取非俗世精神的启发，但是对于各种宗教和信仰，他都将它们视为星期天的礼服，一件件不停地穿，然后又精疲力竭地一件件脱掉丢弃一边。

不过，无意识心理的病理现象好像已慢慢引起了他的兴趣。我们不能否认这个事实，前人不要的东西在今天却忽然引起了我们的注意——不管这个问题多么难理解。这些问题已经引起了众人的兴趣，这是不容置疑的，虽然它们可能会把兴趣打破。当然，这种兴趣不是说，只把心理学看作是一门科学去对待的兴趣，或是对弗洛伊德心理分析的更为狭隘的兴趣；而是指对不断发展强大的唯灵论（spiritualism）、占星术、通神学以及其他各种心理现象的普遍兴趣。自十七世纪以来，这是从来没有过的现象。可与其媲美的唯有耶稣诞生后的第一、二世纪时极为盛行的诺斯替思想。

实际上，今天的精神潮流和诺斯替教有着深厚牢固的相似性。如今，在法国甚至有一座诺斯替的教堂，而在德国也有两派公开宣称自己死诺斯替教。毋庸置疑，可以说此种大规模的现代运动就是通神学和欧洲大陆的灵智学（anthroposophy）；这些都是诺斯替教，只不过披上了印度教的外衣。与这些运动做对比，目前一般的对科学心理学的兴趣可谓是不值一提。诺斯替教体系完全建立于无意识表现的基础上，这是其最为特别的部分，并且它的道德教义并不只适用于生命的灰暗面。从其在欧洲复兴的形式来看，印度的贡荼利尼瑜伽论（kundaliniyoga）[①] 也有着非常清晰的说明。

毋庸置疑，对于这些运动的热情，肯定是源于一种不可再以陈旧的宗教形式表现的精神力。所以，这类的运动就具有实际的宗教

① 从字面上可理解为“蛇力”，唤醒人脊骨内的潜力并且让其成蜷绕状的蛇形出现，是这一派别瑜伽术的最终目的。

性，即便它们假意宣称是属于科学的。尽管鲁道夫·斯坦纳[①]将其“灵智学”称为一种“精神科学”，而艾娣夫人[②]发现了“基督教科学”（Christian Science），但均改变不了任何事实。这些隐藏的意图也只是表明了，宗教已经变得愈来愈可疑——几乎可与政治和世界改革相提并论了。

现代人与十九世纪的兄弟们相比，是完全不一样的。现代人已经将注意力充满希望地集中到了心理上面，我认为这并非言过其词；他的此种做法完全不求助于任何传统的信仰，而是一种可归入诺斯替教之类的宗教经验。因为上文说到的运动，基本都是以科学的姿态出现，所以假如我们斥责其是一种瞎闹或假面具，就是大错特错了；他们的做法表明，他们已经放弃了追求西方宗教精华的信念，而是实际地在进行“科学”或者学问的探究。现代人已经厌烦了从信念出发的教理以及建立在教理上的宗教。这些教理的知识内容只有和他的心理生活的内在经验保持一致时，他才愿意拥护。他要去亲身体验。英奇是圣保罗教堂的主教，他也曾以相同的目标要求人们对英国圣公会内的一场运动予以特别关注。

发现的时代将会在我们这一代结束，地球上所有的地方都已经被探索过了；当人们不再坚信只有北温带的人住在永恒阳光的乐土上时，当他们想要用自己的眼睛亲自去发掘和探索那些不为人知的地方存在

① 鲁道夫·斯坦纳（Rudolf Steniner,1861–1925），德国人，哲学家，1890–1897年间，主要从事歌德和席勒的作品的整体编纂工作。一开始，他被拥戴为德国通神学的精神领导者，多年后，由于活动变异以及看法思想上的不同，被剥夺了会籍。之后他自创了灵智学，并于1913年成立灵智学学会。

② 艾娣夫人（Mary Baker Eddy,1821–1910），美国“基督教科学派”的创始人，创建了《基督教科学箴言报》以及基督教科学教会。她毕生所行精准地印证了她的信仰。她表示，上帝赐予全人类达到基督教化福祉的途径是祈祷、工作以及自我牺牲。

着什么东西时——这便是其开端。在意识之外的心理究竟还存在着什么，显然是我们这一代正在埋头苦干去发现的。当灵媒失掉了意识后，结果会是什么样呢？这个问题存在于每一个神灵论的团体中。在更高层次意识界中，我能够体验到什么呢？这是每个通神论者都会问的问题。在我的意识能及的范围之外，究竟是哪些力量和因素决定着命运呢？这是每个占星学者都会问的问题。哪些无意识驱力作用于神经症呢？这是每个心理分析学者需要知晓的。

我们这一代期望从精神生活中获取真正的经验。我们不希望借助其他时代的经验作为基础去推论，亲身的体验才是我们想要的。但这并不代表我们要丢弃所有推论的方法——比如说那些被人认可的宗教和实际的科学。如果一个昔日的欧洲人对这些发现进行深度观察的话，他肯定会感到非常吃惊，会感到极其恐惧。他不仅会认为这个学科的研究太笼统、太难以置信，并且对于这些方法，肯定也会感到非常意外，原因在于，他会觉得这些方法滥用了人类在学问上的最大成就。如果三百年前的天文学家知道当时的一千幅天宫图，如今被画成了一幅画，不知道会做何感想？如果教育家和哲学启蒙的拥护者知道世人的迷信从古希腊到现在仍未减少，又该会说些什么呢？作为精神分析的祖师，弗洛伊德已将存在于心理深处的所有糟粕、阴影以及罪恶了解得十分透彻，并且将这些糟粕和废物都公开了出来；为了阻挠人们对身后之物的追寻，他花费了很多气力。最终他毫无所获，他的警示甚至起到了相反的效果；对于这些糟粕，许多人居然开始极为珍视。这是地地道道的反常现象；我们除非将此种现象阐释为完全是出于心理本身所具有的吸引力，而不是一种对糟粕的喜爱，否则的话，是没有办法为其进行任何解说的。

毋庸置疑，自十九世纪初期和法国大革命以来，心理便慢慢引起了人们的重视，它因为得到了重视，才渐渐展示出了吸引力。对于西方世界来说，理性女神在巴黎圣母院的登基似乎算得上是一个具有重大意义的象征行动——几乎可与基督传道士们所谓砍掉沃登橡树（Wotan's oak）的含义相媲美。就像在法国大革命时期，他们当时也缺乏一支从天上射来，对冒渎神明的人，进行惩罚的复仇之箭一样。

事情就是如此巧合，正在这个时候，一个名为安基提尔·杜佩隆的居住在印度的法国人，在十八世纪初叶带回来一本 Oupnek' hat 的翻译本——一部有五十篇文章的《奥义书》（Upanishads）。通过这本书，西方人对充满神秘的东方人的精神有了第一次深刻的认识。在历史学家的眼中，这只是一种单纯的没有任何因果关系的巧合罢了。但从我的医学经验来看，我没有办法将其看作是偶然的意外。我觉得，这是符合了一种心理规律，最起码这一规律在个人的生活中，是完全真实且有效的。这一规律说明每次意识生活中的某个部分丢失了重要性和价值的心理活动，都会立刻在无意识中获取补偿。我们能够从物理世界中的能量守恒定律发现这种相似性，原因在于，我们的心理作用中，同样也存在着能量。任何的心理价值在被其他相同价值替换之前是不会消失的。这就是心理治疗师在平时业务中的实际法则；它已经被人们再三确认，从来没有失效过。作为一个医生，我毫不犹豫地说，一个民族的生活同样也要符合心理规律。在医生看来，一个民族的精神生活与个人相比，只不过稍微复杂一些罢了。并且话说回来，诗人不是经常谈到灵魂的国度吗？我认为这个说法是正确的，从某个方面来说，精神源于整个民族和全人类，并非个人。从某种意义上来说，我们只是一种包罗万象的精神生活的一部分，或借用一句斯威登堡人的话，是一个“圣人”的一部分罢了。

这样一来，我们就可以打个比方。正如作为人类的一员，在我体内的阴影为我带来了有益的光明，所以在一个民族的精神生活中，黑暗照样能够唤起光明。那些闯入圣母院的民众，每个人的心中都存有破坏之心，黑暗和莫名的力量产生了作用，让每个人迈起了脚步；同样的力量也在安基提尔·杜佩隆的身上产生了作用，对于这一点，我们在历史中找到了答案。原因在于，他把东方人的精神带给了西方人，至今我们仍无法估计其所产生的影响程度。请大家切莫低估了这一价值。

当然，站在欧洲目前智识界的角度来看，或许我们还不太能看出其影响力；仅有少数几个研究东方的学者，一两个痴迷于佛学的人，以及几位忧郁名士罢了。直到最近以前，人们坚信，占星术早已被束之高阁了，且可以被拿来当笑柄看。但是，如今，它却从社会的内部崛起，三百年前被大学赶出门外的东西，如今又来敲门了。东方的思想情况也是这样；它最开始在社会底层扎根，而如今却逐渐地茁壮成长。多那赫建造灵智学庙堂的时候，花费了五六百万瑞士法郎，这些钱究竟是怎么筹集来的呢？自然不是一个人捐赠的吧？很可惜，现今公开宣称自己是通神论信徒的人究竟有多少，我们无法得知精确的统计数字。但是我们坚信，这个数字肯定达到好几百万。除了这些，还应把几百万的基督教唯灵论者或倾向于通神论的人计算在内。

伟大的革新从来都不是源自上层，他们往往都来源于底层；就像树木都是从地上向上成长，而不是由天空往下生长，虽然说它们的种子都是从上面掉落于地上的。世界上的动荡与我们意识的纷扰都是一码事。所有事物都具有关联性，所以才会让人觉得困惑。世人在面对这样一个世界时，犹豫不前、迷惑不解：一个充满了和平条约和友好条约、民主和专制以及资本主义和布尔什维克主义的世界。面对着这一切，人的精神渴望追寻的是某种能够减轻困惑和纷扰痛苦的答案。通常来说，社会上可以被心理无意识力量控制去做事的，都是阶层较低的群众，那些在地方上较为被人看不起、较少发言的人——那些和声名显赫的人相比起来，比较缺少学理偏见的人。站在高处去观望，这些人大多数就好像是一群可怜又可笑的喜剧演员；但是实际上，他们却都和那些受到上天眷顾的基督徒们一样质朴。

看见一个人心理中的糟粕已经累积了一尺厚，难道还能无动于衷吗？我们发现，在《人类繁衍》中，很多最无聊的疯言疯语、最荒诞的动作和最粗鲁的幻想都做了非常详细的记录；同样，在埃利斯和弗洛伊德两个人的重要论文中，也涉及了这些东西，科学界对此赞许有加。在文明的白人世界中遍布着他们的读者。对于这种让人厌烦的东西所具有的那种狂热，那种接近于疯狂的崇拜现象，我们该怎样为它解释呢？应该这样解释：让人觉得讨厌的是心理上的东西，是精神的组成元素，所以其价值可与古代废墟中残留下来的残篇断简相提并论。甚至内心生活的秘密和让人觉得刺耳的东西，于现代人而言也是价值连城，原因在于，这些东西让他们觉得获益无穷，但是所谓的用处究竟在哪里呢？

在《梦的解析》一书中，弗洛伊德有一段引语：Flecteresi nequeo

superos，Acheronta movebo——如果我不能让诸神屈服，也要闹翻阿谢隆河[①]。其用意又体现在哪里呢？

那些我们要将其宝座推翻的诸神，就是在我们意识世界中受到高度崇拜、被看作是非常宝贵的价值。众所周知，古代诸神的艳事非常丑陋，这也是他们声名狼藉的原因所在；如今历史又重新上演了。世人已经开始揭露那些向来为我们所表扬的美德和高超理想背后隐藏的弱点，并且正在以胜者的姿态向其叫喊："你们这些神原本就是人类自己创造出来的，仍然避免不了人类所具有的缺点，那是一些充斥着亡者骨头和污秽物的墓地。"我们能够从中听见一种熟识的声音，我们一直不能据为己有的福音再次现身了。

我深深相信，这些相似性并非很勉强。对于很多人来说，弗洛伊德的心理学远比福音更重要，而且有些人还把苏联的政策奉为市民道德的准则呢。这些人是我们的弟兄，但是在我们每个人的心里面，最起码都含有一些同情这些论调的呼声，原因在于，总归有一个普遍存在的心理生活环绕着每个人。

这种精神变化带来的意外结果是一张更加丑陋的脸，呈现在世人面前。这种丑陋很难让我们去喜爱——甚至我们也不喜欢自己了——而最终的结果肯定是，我们探究内心生活真相的兴趣是不会被外在世界打消的。毋庸置疑，这就是此一精神变动的真正意义。毕竟以因果报应（Karma）与肉体化身为主要原理的通神论，除了说明这个现象世界仅是一个供那些仍未达到完美道德境界的人的暂时休憩地外，还

① 阿谢隆河，罗马神话故事中的冥河界名，亦称冥界。

存在着别的教诲吗？它和现代观念攻击如今世界的激烈程度相比，可谓是难分上下，只是技巧不一样罢了；我们的世界不会因它有任何损伤，它反倒是向我们提供了另外一个更为高超的世界，更加凸显出其价值来。

我得承认，这些观念是非常不“学术”的，原因在于，它们涉及了现代人感受最为深刻的部分。难道现代思想和爱因斯坦的相对论、让我们放弃决定论和视觉表象的原子构造论之间的关系，又是单纯的巧合吗？甚至物理学家都在消解物质世界。我觉得，这能够表明现代人为何要专心致志投靠于精神生活，希望从这里获得外部世界不能给予他的真切的信心。

但是，站在精神的角度来说，西方人的生活动乱不安，对于精神之美，假如我们继续存有错觉，对于这种残酷的事实一无所知，那么其危险性便会越来越大了。东方人替自己烧香，所以陷入了自己造成的烟雾中，以致看不清自己的面目。可是，我们应该怎样去感动另外一种肤色的人呢？在中国人或印度人眼睛里，我们又是什么样的呢？在黑人心目中，我们又引起了什么样的感想呢？那些我们侵略了他们国土，利用甜酒和性病去消灭的人，又会如何看待我们呢？

我的一个朋友，是红印第安人，他居住在美国西南部一个印第安村子里，是当地的村长。有一次，正当我们毫无顾忌地讨论白人时，他告诉我：“我们不了解白人；他们总是渴望东西——总是坐立不安——总是追求某些东西。那究竟是什么东西？我们无从知晓，我们的确没有办法了解他们。他们的鼻子很尖锐，双唇单薄而且残酷，脸上布满了纹路。在我们眼中，他们全都是疯子。”

我的这个朋友虽然无法正确地将一个名称说出来，但他已把这只贪婪成性、即便是跑到那些和他不相干的地方也想称霸的雅利安猛兽看穿了。他同时也指明，我们妄图在世界万物中，把基督教教义看作是仅有的真理，觉得我们白种人的基督教才是独有的救世主，这实际上是夸大狂想症。当我们利用科学与工业技术将东方搅得动乱不堪、惶惶不安时，更从那里掠夺贡品，甚至派遣传教士到中国。派遣到非洲的传教士团体废除了当地的一夫多妻制，结果嫖妓风气开始盛行起来。在乌干达，为了避免性病扩散，每年就要花费两万英镑，而道德水准低落得不忍提及。善良的欧洲人还给这批履行教导工作的传教士发薪水。更不用说在波利尼西亚（Polynesia）的悲惨故事和鸦片贸易提供给他们的利益了。

这就是当欧洲人走出自己的道德香雾外所现出来的一副本来面目。难怪在把久经埋藏的精神生活的残卷翻出来之前，我们必须要先把乱七八糟的泥沼清除干净才行。对于这一清洁的工作，只有像弗洛伊德这样伟大的理想家才会用尽一生的精力去担当。这就是心理学的起点。对于我们来说，只有从这一目标出发，才是探索精神生活的实体、探索那些和我们完全不符以及不想看见的东西的方法。

但是，假如心理容纳的只是一些对我们没有用处的罪恶东西，那么就算是费尽了浑身的气力也无法让任何正常的人假装说喜欢。这便是为何很多人认为通神论只是一种让人丧气的、浪费脑力的浅显东西，而弗洛伊德的心理学只不过是享乐原则罢了。他们因此预测，这些运动终将逃脱不了早夭或不光荣的命运。显然这些人忽视了，这些运动的力量源自心理生活所具有的吸引力。毋庸置疑，他们所带来的此种热情或许会导致其他的结果；但在更好的成果还没有降临之前，这些就是眼前的形式。迷信和固执终究是相同的东西。在很多更加新颖和成熟的形态出现之前，他们是过渡和胚胎阶段。

不管是从学术的、道德的或美学的角度来看，西方人心理生活的潜流展现在面前的，并非是个有意思的画面。我们在周围创建了一个值得纪念的世界，并且用尽全身心的力量去效劳它。不过，它之所以这样醒目，是因为我们将本性所有最醒目的部分都表现在这世界上了——而当我们向内心探索时，我们所发现的却是如此破败不堪，如此软弱无能。

我很清楚，这样说可谓是已经预期了意识真正的发展趋势。截至目前，对于心理生活中的这些事物，仍旧无人有任何通透的了解，西方人只不过正朝着认知这些事实的道路前进而已。他们因为某些理由，曾经对此有过一番疼痛的挣扎。诚然，施本格勒的悲观主义的确产生了某种影响，但这种影响已非常安全地仅限于学术圈内。至于说心理学的见解，由于它向来都侵扰私人的生活，自然就遭受到了个人的抗击和拒绝。我并不是说，这些反抗都是没有意义的；相反，我将其视为是对抗具有威胁的毁坏力的健全反应。相对论一旦被用作一种根本的、最终的原则时，它就具有破坏力了。

所以，在我让大家将注意力转移到心理中那种吓人的潜流时，我并不是要歌唱什么悲观的论调，我只是希望强调一个事实，无意识不仅对患者有非常大的吸引力，对那些健康的人或富有创造力的人，也是如此——虽然说它也有着吓人的一面。

心理的内部正是本性，而本性就是一种具有创造性的生活。诚然，本性可以摧毁自己建立的东西，但是它也能够将其重新建立起来。在有形的世界中，现代相对论不管毁坏了多少价值，心理肯定能够将相等量的东西产出来。我们最开始无法预见那些黑暗的、让人厌烦的东西所通向的道路——但是无法忍受此种情景的人肯定也看不到光明和美好。光明永远诞生于黑暗，而目前为止，太阳没有为了满足人们的渴求而停留在空中保持不动。安基提尔·杜佩隆的例子，难道不是已经向我们展示了精神生活是如何从黑暗中拯救自我的吗？中国人不相信欧洲人的科学和工业技术，正在准备摧毁他们，为何我们要相信我们肯定会被东方人神秘的、精神的影响力所毁灭呢？

可是，我忘了一点，我们都没注意到，正当东方人的世界被我们的工业成就搅得翻天覆地时，我们的世界同样也被东方人的精神成就搞得一败涂地。我们仍未料想到，当我们从外面击败东方人之际，或许我们的内部已经被东方人控制住了。

这种观念听起来或许会让人感到惊恐，原因在于，我们的双眼只可以了解那些鄙陋的物质关系，却无法了解，由马克斯·缪勒[①]、

① 马克斯·缪勒（Max Muller,1823–1900），英籍德国人，比较语言学家，学者，专注于研究东方。

奥登堡、纽曼、多伊森[①]、威廉以及其他人造成的中产阶级学术混乱才是错误的根本之地。我们能够从罗马帝国的例子中吸取什么样的教训呢？小亚细亚被征服了，罗马被亚洲化了，甚至欧洲也遭受了亚洲的感染，直到现今未曾改变。崇拜太阳神以及罗马军队的宗教都是从西里西亚传来的，它从埃及传递到了遍布沼泽的大不列颠。难道还需要我指出基督教教义的发源地——亚洲吗？

对于这个事实，我们仍无法彻底了解，西方的通神论仅是一种属于东方式的浅显效仿。我们只不过刚刚开始研究占星术而已；但对于东方人来说，这等于是他们每日的面包。我们研究性生活，最早是从维也纳与英国入手的，但在这方面的研究，我们却比不过印度人。东方典籍拥有一千年的历史，我们可从中获取富有哲理的相对主义，而刚刚在西方诞生不久的非决定论只是中国科学的基础。卫礼贤甚至对我讲过，从中国古文献中能够非常清楚地找到分析心理学所发现的某些复杂的心理作用。精神分析自身以及由它而产生的各种主义——显然这是西方人发展出来的——相比东方人的古代艺术，其仅仅是一种初学者的尝试罢了。在这里顺便说一句，奥斯卡・A・H. 施米茨早已对精神分析和瑜伽论的相似性做过了追溯。

通神论者有一个好笑的观念，觉得某一个居住于喜马拉雅山或西藏的圣人，能够启迪或引导人类的思想。欧洲人受到东方信仰魔力的影响非常大，有的人甚至说，我自身的灵感压根什么都不算，我所有理论都是受到那个圣人的启发。这种在西方非常盛行，并且甚受信仰

① 保罗・多伊森（Paul Deussen,1845–1919），德国哲学家，梵文学者，他的哲学观是，空间世界和物体是一切重要经验意识的表现形式。从他的理论来看，真实的唯有非空间的以及非时间的。

的圣人神话自然不是荒谬的，它和每种神话其实是一样的，是一种具有关键意义的心理事实。我认为，似乎东方就是我们现今遭遇的精神变化的根本。不过，这个东方在某种意义上来说，是埋藏在我们心底深处的，而并非什么充斥了圣人的西藏寺庙。我们心理生活的深处将会出现新的精神形式；它们将能够帮助我们去消除雅利安人那种没有限制的贪欲表现。或许我们将开始了解，那种在东方已经发展成为一种灵活而无法捉摸的无为主义生活的某种轮廓，以及当认为精神和日常生活必需品的重要性是一样时，人生所需要的那种踏实稳妥。但是，一切正盛行美国化之时，我们和这个阶段仍有很大的差距。我认为，我们只是刚刚才跨进一个新精神纪元的门槛罢了。我不敢自称为先知，但是为了将现代人的精神问题整理出一个大纲，我必须要特别强调，那种处于动荡不安时局下对安稳的渴望；而且我也必须要指出，在朝不保夕下对安全的那种企求。新方式生活的出现并非源于纯幻想或我们理想上的需求，它有其现实压力上的需要。

根据我的观察，今天的心理问题之谜，能够从精神生活对现代人所具有的吸引力中寻求到答案。如果我们是悲观主义者，就要将其称为是一种颓废的象征；如果我们是乐观主义者，就会将其视为是西方世界中即将出现的一种深刻的精神变化。总而言之，它是一个非常重要的象征。因为其拥有非常宽广的范围，所以更加显得引人注目；人们的生活方式因为它的精神力量发生了一种无形的变化，并且就像是历史证明的那样，是不能够预期的，所以就显得非常关键。大家现在对心理学产生兴趣的原动力，便是这些目前仍让很多人无从观察的力量。当精神生活的吸引力强大到让人们不会为其感到绝望或难过时，它便不会是病态的或者不正确的了。

极目眺望这苍茫无垠的世界，一切均显得那么萧瑟、陈旧。现代人受到本能的控制，抛弃了前人的道路，独辟蹊径，这与罗马人抛弃那些陈腐的奥林匹亚诸神，转而开始相信亚洲的神秘祭祀是一样的。藏在我们心底深处，迫使我们向外追寻的力量，已经和东方的通神论以及魔力合二为一了；另外此种力量也是内向的，促使我们特别注意无意识心理。同样，在我们的心里，它也产生了像释迦牟尼在放弃了两百万个神灵时所拥有的那种怀疑和意志力。他凭借着这些才领悟出了那种让人信服的本原经验。

所以，我们目前必须要提出最后一个问题。我说过的所有关于现代人的事情，究竟是真有其事呢，还是仅仅是错觉现象造成的结果呢？毋庸置疑，关于我所提到的事实，肯定会有成千上万的西方人将其视为是没有丝毫关系的意外事件；甚至于在大多数受教育的人眼中，它只能算是一些让人惋惜的错误罢了。但是我要问：当基督教在低阶层的民众中风行时，那些有修养的罗马人会怎么想呢？目前西方人的心里，依然存活着《圣经》中的上帝，就像安拉（Allah）活在地中海以东的伊斯兰教信徒的心中一样。对于一个信仰者来说，容易将另外一种信仰斥责为愚昧无知的异端邪说，如果他没有办法将其改变，就同情或者容忍他。除此之外，聪明的欧洲人更加坚信，对于民众或妇女来说，宗教之类的事情是有好处的；但是，与经济和政治相比，就显得不足道了。

为此，我被众人厌弃，就像是一个在天上没有一片云彩却预告说即将有暴风雨来临的人一样。或许他认为，那是一场由地平线下升腾而起的倾盆大雨——它可能不会到达我们这里。但是，精神生活最主要的部分，永远是隐藏在意识地平线之下的；我们谈论到的现代人的精神问题，自然是只关乎那些能够看见的东西——那些最切身和虚弱的部分——如那些只在晚上盛开的花儿。白天的时候，所有事物都是清楚的、能够触摸到的；但是夜晚与白天一样长，我们也得在夜间生活。有不少人，他们的白天也常常被夜晚的噩梦所夺取。因为很多人的白天变成了这样的噩梦，所以在他们精神处于清醒状态时，却渴望着夜晚的来临。我甚至坚信，诸如此类的人在今天多得不计其数，这便是为何我宣称，现代人的精神问题正如我说过的那样，是真实存在的。实际上，我的观点也避免不了偏袒，因为我并未把现代人在真实世界中那种每个人都看得非常清晰的犯罪感指出来。我们可以轻易地从国际主义或超国家主义的国际联盟等机构找到证明，也可从运动，特别是电影和爵士乐中找到他。

这些都是我们这一时代所特有的症状。这些症状表明人本主义的理想中也一定包括了肉体。运动与现代舞一样，是人体特殊的价值。另外一方面，电影和侦探小说一样，让我们能在无危险担忧的情境下去体验所有人道生活中必须抑制住的亢奋、热情和愿望。想要了解这些信号为什么和精神状态有关，是很容易的。心理所具有的那种吸引力带来了一种全新的自我评价方式，这是一种把人性中的基本事实进行重新评价的工作。这一举动使我们毫不奇怪地发现，肉体以前向来都在精神的压制下度过漫长的岁月。我们甚至会认为，肉体已经有机会向精神复仇了。在凯泽林[①]用嘲讽的口气指出我们这个时代的文化英雄是司机时，他的话可谓直中要害。肉体应当得到相同的待遇；它和

① 凯泽林（H.C. Keyserling,1860–1946），德国人，哲学家。他在俄国、瑞士以及德国等地都进行过自然科学的研究，还在巴黎从事过艺术及哲学的研究。由于他的研究项目包括科学、文学与哲学，所以他的哲学观非常独特。

心理是一样的，同样也具有吸引力。如果我们仍无法摆脱那些精神和物质相对立的陈腐观念，现阶段的情况可以说是一种让人无法忍耐的巨大的矛盾，我们甚至会因为它而和自己分裂。

但是，假如我们可以缓和下来，坚信精神切切实实地存在于内部，而肉体则是活生生的精神表象——事实上两者是一个物体的两面——那么，我们便能了解，要想超越现阶段的意识状态为何就要凭借着公平的态度去看待肉体的缘由。我们也需要看到，信仰肉体并没有办法容忍用精神替代肉体的观念。这些物质和精神生活的需要要比以前的一些一样的需要更加迫切，所以此种现象或许会被我们视为堕落的象征。但是，我们也可以说，那象征着返老还童，就像荷尔德林[①]所谓的“危险自身孕育着拯救的力量”（Danger itself fosters the rescuing power）。

事实上我们观察到的是，西方激起了一种更快速的节奏，也就是美国节奏——与之相反的是无为主义和隐退的超然脱俗的态度。于是，外在生活和内在生活、客观和主观之间，就形成了一触即发的形势。它或许是年老的欧洲和年轻的美国之间最后的一次比赛；或许在意识下，人想办法去逃离自然法则的力量，并在熟睡的自然中去赢取一场更加伟大和荣耀的胜利。至于二者是否各自有着自身的长处和短处，则不得而知。关于这一个问题，我们将会从历史那里得到答案。

---

① 弗里德里希·荷尔德林（Gohann Christian Friedrich Holderlin,1770–1843），德国人，诗人。荷尔德林的早期作品深受克洛普施托克和席勒的影响。由于他对古希腊及其神话非常热爱，同时更坚持自己的泛神论观，所以他的作品充满了预言性及幻想性色彩。

在如此大胆而无畏的高调谈论后，在本文结束之前，我想重新回到我最初承诺过的谦逊和审慎的诺言。事实上，我不敢忘记，我的言论只是一个人的呼声而已，我的经验只能算是九牛一毛，我浅显的知识同显微镜下的视野相比,大不了多少,我看见的只能反映世界的一隅，而我的观点仅仅是一种主观的表白罢了。

第十一章

心理医生和牧师

寻求灵魂的现代人

Modern Man In Search Of A Soul

实际上，医学心理学和心理治疗取得更深层次的新发展，并非源于科学工作者提出的很多问题，病人在精神上感到迫切需要才是推动其发展的原因。在以前，医学总是尽量避免谈论到精神问题。虽说病人存在着这种迫切的需要，但它仍旧坚守着自身一贯的立场，其理由是建立在一项似是而非的假设上：觉得精神问题是包含于其他学科研究范围内的东西。但是，最终它仍要被迫扩大其研究范围，把实验心理学纳入进来，原因在于，它受到了不断的催促——从坚信每个人站在生物学观点来看是类似的——到不得不利用其他比如化学、物理学以及生物学等学科部门的成果。

替这些学科开辟出一个新方向是非常自然的。此种变动可以被我们描述为，除了自身具有其目的之外，由于这些学科也具有能被运用于人类身上的可能性，所以存在着更大的价值。比如说，精神病学就是自己从实验心理学的箱子中脱离出来的，而其根基便是包罗一切的精神病理学，也就是研究复杂心理现象的通称。严格来说，精神病理学的一部分是构建于严格定义的精神病学的新发现上，另外一部分是构建于神经病学的发现上——神经病学包含了心因性神经症，这在现今学术界是广泛被人认可的说法。总之，在过去的几十年间，接受过训练的神经病学专家和心理治疗专家，已经产生了隔阂，其中缘由可以追溯到有人开始从事催眠术的研究时。此种分歧是没有办法避免的，因为神经病学是专门研究器质性的神经疾病，一般来说，心因性的神经症研究的并不是器质性的疾病。而这些神经症亦不包含在精神病学范围内，精神病学的特殊研究范围乃心理疾病或精神疾病，但心因性神经症并不像一般人所说的，是心理疾病。它们有其不变的特殊研究范畴，并且拥有两种不同形式的过渡现象：一方面倾向于心理性疾病，而另外一方面，则倾向于神经性疾病。

神经症的原因是属于心理方面的，但其治疗则完全以心理治疗为基础，这是神经症最大的特点。因为要站在精神病学和神经病学两个角度，界定并详细探讨这一学科的范围，所以一种非常不欢迎的医学新发现出现了：即心理是这一疾病的病源或因素。十九世纪时，医学将其方法与理论打造成与自然科学相吻合的法则，并且采信了自然科学的基本假设——物质因果说。从医学角度来看，心理本身是不存在的，并且实验心理学也一直设法让自身走上那条没有心理的心理学道路。

但是经过探求的结果已经表明，毋庸置疑，从精神因素方面能够找到神经症谜底的答案；而病理状态的最主要原因便是这一点，所以肯定会和其他比如说遗传、气质、病菌传染等病理因素一样，被看作是准确无误的。所有想凭借更基本的物理因素去阐释精神因素的妄图，势必白费气力。假如在替心理因素描绘界限时，我们运用了驱力或本能的观念——这个观念取自于生物学——将会有更大的发现。众所周知，本能是一种能够观察出来的生理冲动，各种生理腺体所产生的作用是其来源，并且依据经验的结果，它们会导致心理作用的反射，或对心理作用产生影响。所以，要了解心理性神经病的原因，难道还有别的方法比从研究那种最终运用药物治疗生理腺体的办法去治好冲动的紊乱，而不研究"灵魂"神秘观念的方法更快的吗？实际上，这就是弗洛伊德当初以性冲动受干扰的解释法为根据解释神经症而创建其著名理论时所采用的观点。阿德勒也同样采用了驱力观念，并以其权力欲遭受干扰来解释神经症。其实，我们不应当否认，阿德勒的这个观念和生理学的差别之大，其比性驱力更具有精神性。

除了仍未被划出科学定义外，本能观念一切都具备了。它可以应用到一种非常复杂的生物现象上，而且仅是一种不具有确定性的内容，代表着某种不可知的数量而已。在这里，我不打算再将本能观念做进一步的讨论。我很想看看，倘若把心理因素视为由本能集中而成的东西，这些本能也许会再次变成只是一种生理腺体发挥功能的概率究竟有多大。我们甚至还会探讨，凡是被称作精神的东西，是不是都可将其包含在本能的范畴内。所以，心理自身就只是一种本能或一种本能团状物的东西罢了，因为最终分析结果显示，它只能算是生理腺体发挥功效所引起的现象而已。如果真的是这样，神经症就是生理腺体的故障而已。但是，此种说法仍没有得到证实，并且也没有人发现能治好神经症的腺液。相反地，我们发觉，在治疗神经症时，运用治疗器官的药物根本没什么作用，但利用心理治疗法反倒是更容易产生效果！其实，这些心理治疗的效果和我们希望腺液所能够产生的效果一样大。

所以，从目前的经验来看，假如我们研究那些已经不能再进行元素分解的分泌液，而不从研究那些有其实在性的心理活动着手的话，那么想要治好神经症是不可能的。比如，一句对患者恰当的解释或一句宽慰的话，甚至会产生能够影响分泌液的疗效。诚然，医生的话不过是耳旁风罢了，但是医生的心理状态往往可能会对病人产生影响，从而促使其产生相对应的心理状态。只有具有某些意义或含义的话，才有可能会产生治愈效果。不过，“意义”是属于心理或精神上的。如果说它是虚构的，也并非不可以。然而，其影响患者的影响程度要比化学配药有效得多，甚至我们能够运用它来控制肉体的生化作用。这个虚构的东西不管是在我心里自然产生的，或是受别人的话的影响在我身上起作用的，都可令我患病或治好我。诚然，世界上所有的虚构、幻想以及观点是最不符合实际、最不真实的东西；但是在精神领域里或甚至在心身反应的范畴内，它的效果可谓是无与伦比的。

正因为将这些事实认清了，科学才能够发现心理，现今我们已经满怀敬意地承认了其实际性。以前有人说过，心理活动的条件是驱力或本能，但从各个角度来看，显然是心理作用对本能产生影响，而并非本能对心理产生影响。

弗洛伊德和阿德勒将驱力看作是基础理论并非错误所在，但是他们犯了太过偏激的毛病。他们所代表的心理学忽视了精神，所以仅适用于那些坚信自身在精神方面没有需求的人。在这里，医生与病人压根就是自欺欺人。虽说和前人想从医学方面着手对神经症问题进行研究相比，弗洛伊德和阿德勒的理论已经更为贴近事实了，但他们仍是失败者，原因在于，他们只是一味地研究驱力，用以满足病人的内在精神需求而已。他们仍局限于十九世纪科学的假说，并且非常容易让人产生一种感觉——对于那些虚构的、想象性的作用，他们实在是太不重视了。总而言之，他们并没有将生活的意义看得非常厚重。实际上，我们的生活之所以能够得到解放和自在，就在于有其意义。

日常的推理现象、健康的人类推断和科学视为常识的概括，这些东西能够协助我们走过人生大部分旅途，但是对于那些平常生活中普通的事实界限，它们仍旧是没有办法超越。毕竟，对于精神上的疼痛及其最为神秘意义的问题，它们无法提供任何答案。一种神经症应当被视为由于对生命意义不了解，从而遭受到折磨的现象。但是，精神的创造力和其继续向前迈进正是在精神遭受痛苦的情况下出现的，正是精神的停滞和心理创造力的匮乏才造成了此种病态。

只有那些可以明白这个道理的医生才能够拥有广阔的眼界。他现在开始要给他的病人讲述那些具有治疗效果的假说，告诉他那些能够鼓舞其生命的意义，因为这是病人一直渴求，但理智和科学却并不能赏赐给他的东西。病人所要追寻的，是能够将其心灵占据，能够消除其神经性的心理疑惑，并且让其生命充满意义的东西。

假如医生自知无法担此重任，首先，他或许会把病人交由牧师或哲学家处理，或让他在我们这个时代的疑惑里听天由命。站在他是一名医生的立场来看，他并不需要对人生有完整的看法，他的职业道德并没有要求他做这些。不过，假如他对于病人的病根能够如数家珍的话，也许他会发现，病人的病根在于只有性，但缺乏爱；或是缺乏信心，所以惧怕在黑暗之中摸索；或是丧失希望，对世界和人生的幻想已经破灭；而且缺少领悟力，因为他已经看不出人生究竟有什么意义。

有很多接受过良好教育的病人不愿向牧师请教。至于哲学家，他们更是不想去麻烦，原因在于，哲学的历史让他们感觉到了寒意，对于他们来说，智慧问题简直要比沙漠更加荒凉。究竟要去什么地方才可以找寻到那些确实已经从人生和世界中找寻到意义，而不是只空谈人生和世界意义的伟大人物呢？人的思想完全没有办法替病人假想出他所需要的规律或最终的真理，也就是信心、期望、爱心以及见解，等等。

这四大目标是也是上天赠予的礼物，需要我们去奋斗，没有办法传授，也没有办法学习；没有办法授予别人，也没有办法从别人那里获取；没有办法制止，也没有办法得到，因为，只有凭借经验才能够领悟到它们，所以它们并不是凭借人的幻想就能够获取的东西。经验是真实发生过的，是没有办法造出来的，还好它们和人类活动之间的独立性是相对的，而不是绝对的。我们能将之间的距离拉近，这是人类可以做到的。有一些途径能让我们和活生生的体验更加接近，但当它们被我们称作是“方法”时，就要谨慎了，这两个字具有一种缓和的功效。通往经验的道路是一种我们需要拼尽全力的大冒险，是不能投机取巧的。

所以医生为了达到这一要求，就要面临一个没有办法超越的问题：他必须要知晓怎样才能帮助那些遭受苦难的人去得到具有解放效果的经验，从而赐予他上面提到的四大恩泽，并且将他的病治好。我们自然能够用善良的话语劝解病人，要求其应当具有真正的爱或信心，或希望；并且我们也可这样责备他："人贵有自知之明。"但是我们究竟应当怎么做，才能使得病人在没有这个经验之前得到只有经验本身方可赐予他的东西呢?

扫罗[①]之所以改宗新教，并不是出于他真正的爱心，也不是真正的信心，更不是其他的一些真理。仅仅是因为他非常憎恨基督徒，才踏上通向叙利亚大马士革的征途，踏上那个决定了他一生体验的道路。他本来是想要证实一件截然相反的事情，没想到却得到了这个体验。这种情形为我们开拓了一条途径，能够帮助我们解决人生的问题，值得竭尽全力去探究，并且也让心理治疗专家与牧师一样，遭遇到了善与恶的问题。

实际上，对精神痛苦最为关心的人应该是牧师，而不是医生。但是，在通常情况下，遭受痛苦的人首先都会向医生请教，因为他猜测应当是自己的身体出了问题，也因为有些神经症病征至少能够通过药物来减缓疼痛。但相反的是，如果他先跑去向牧师请教，牧师也不会告诉病人这是心理上的问题。通常来说，牧师缺少那些能够辨别疾病心理因素的特殊知识，并且他的推断也没有权威性。

然而也存在不少人，即便明明知晓他们的问题是心因性的，却

① 扫罗，Saul，也就是圣保罗信教之前的名字。

偏偏不向牧师请教。他们觉得牧师不能够对自己产生真正的益处。诸如此类人，他们不喜欢医生的原因也是差不多的。实际上他们的理由也很正当，因为医生与牧师都对他们没有任何办法，更加倒霉的是，他们对自己的困难也是无话可说。其实，对于这种灵魂，我们不应当期望医生会有什么高明的见解。遭受苦难的人寄予希望的对象应该是牧师，而非医生。可另外一件艰难的任务又往往会摆在新教牧师的面前，因为，他需要去解决一些天主教神父们不会遇到的实际难题。至少教会的权威在背后支持着神父，他的经济地位非常安全和独立。但是一个新教的牧师考虑的就多了，或许他要结婚，要肩负起养家糊口的责任，万一他没有这个能力，就没有办法获得社会人士的支持或进入修道院。一个神父，特别是耶稣会的神父就不同了，他甚至还有研究现今心理学原理的自由。比如说，我早就知晓，在没有任何一位新教牧师看中我的著作之前，在罗马，就有神父极其用心地进行研究了。

如今我们终于到达问题的核心了。德国新教教会的分歧现象仅仅是很多征兆中的一个罢了。牧师们于此应当明白，一味地进谏信仰，或劝说行善，已经无法满足现代人的不断追寻了。说来奇怪，有不少牧师居然想要从弗洛伊德的性欲理论和阿德勒的权力理论中寻求支持，原因在于，就像我提到过的，只要弗、阿两位反对心理价值，他们的学说就都是没有心理的心理学；他们的治疗法就是一种理论治疗法，对实现有意义的体验具有阻碍作用。从目前的情况来看，大多数的心理治疗师都是弗、阿的门徒。这就相当于说，直到现在，大多数病人的立足点仍是非心理性的，这不是一个明白心理价值的人能置之不理的事实。对于心理学的兴趣，所有欧洲新教国家目前距离兴趣消失的时间还非常遥远，这恰好与大家退出教会的现象不约而同。正如用一位新教牧师的语气来说：“大家如今都不去找牧师了，都跑去找心理治疗师了。”

我认为，这句话只适用少部分受教育者，对于大多数群众来说，它并不合适。我们应该记住的是，最起码要等到二十年之后，才能让普通人开始对如今知识分子的思想进行思考。举个例子，比希纳[1]所著《力与物质》（Force abd Matter）一书，正是二十年后当受教育者开始要将其忘记时，才在德国的公共图书馆被人们争抢着借阅的。我坚信，今天在受教育者之间流行的那种对于心理学的强烈兴趣，今后将会被大多数人所分享。

下面的这些事实我希望大家能够注意。世界上有很多来自于文明国家的人，在过去的三十年中找我咨询问题。我对上百个病人进行过治疗，其中新教徒占到了大多数，犹太人占到了小部分，而天主教徒只有五六个而已。在病人中，中年人，也就是年龄超过了三十五岁的人——都想探寻人生的宗教性观念。他们每个人病因都在于已经丢失了过去宗教所能赐予其信徒的东西，而假如医生说没有办法让他再次得到宗教性观念的话，那么也就没有办法将他的病真正治好。当然这与某一个特殊的信条或某一个教会的会籍，没有任何的关联。

这个时候，牧师站在了广袤的地平线之前。看起来并没有人发现这一点。并且那些我们的时代最急切的心理需要，今天的新教牧师已经没有资格处理了。对于这一项艰难的心灵上的重任，是时候让牧师

① 比希纳（Ludwig Buchner,1824–1899），德国人，哲学家，医生。

与心理治疗师联合起来，共同去应对了。

下面是个具体的例子，用来说明此一问题和我们的联系有多么紧密。两年多前，在阿劳[①]举办了一场基督教学生会议。在大会上，主席当面问了我一个问题：如今精神上感到痛苦的人是不是宁可找医生，也不愿去请教牧师，他们这么做的原因是什么呢？这个问题非常直接和具体。我当时只知道，我所有的病人都是向医生请教，从来不去找牧师。我对此产生了怀疑，这究竟是不是普遍的情况。总而言之，我当时无法做出一个肯定的答复。于是我开始进行一个调查，通过我认识的那些人去到我不认识的人群中进行调查。我将调查表寄了出去，给我答复的包括瑞士、德国、法国等国家的新教徒和少数的天主教徒。其结果很有意思，下面就是一般概要的说明：有 57% 的新教徒决定向医生请教，而天主教徒只有 25%；有 8% 的新教徒决定要去找牧师，天主教徒却占 58%，这些都是最明确的决定者。在无法做出决定的人中，新教徒占 35%，天主教徒占 17%。

那些不向教会牧师请教的人，认为牧师缺少关于心理学的知识和见识，出于此种原因的人占 52%。有 28% 的人是由于他们的观点在教条或传统上有偏见。最怪异的是，其中甚至有位牧师也决心要向医生请教，而另外一位非常愤怒的反驳道："神学根本与治疗人类没有一点联系。"所有参与此调查的牧师的亲戚，都表示他们不认同向牧师请教。

这一项调查因为只局限于受教育者，所以并未得到重视。我坚信

① 阿劳，瑞士北部城市，阿尔高州首府。

对那些没有接受过教育的人，他们的反应肯定是不一样的。不过，我愿意将这个调查的结果或多或少看作是受教育者观点的表征。众所周知，通过他们近来对教会和宗教的事情越来越淡漠的事实，可以看出情况更是这个样子。何况，对于刚刚谈到的社会心理学的事实，我们也不应当忽视，即要想将受过教育阶层的人生观渗透到没有受过教育的人的心里面，最起码需要二十年的时间。

我认为，随着宗教生活由兴盛转为衰落，神经症也变得越来越常见了。截至目前，还没有正式的统计证实实际数量的增多。但是我的确把握住了一点，也就是欧洲人心理状态的多个方面均有些不平衡。不必怀疑，现今我们生活的这个时代，的确是动乱不安、精神紧绷、混乱以及观点失常的。来找我的病人来自很多国家，他们均是接受过教育的人，其中有很多人来找我并非因为他们患有神经症，而是由于他们无法找寻到生命的意义，或对于那些现今很多连哲学和宗教都没有办法解答的问题而感到疑惑。或许其中有些人认为我拥有具有魔法的公式，但我不得不当面跟他们说，对于他们的问题，我也没有办法解答。所以，我们对这个问题必须要做出切实的思考。

首先，让我们提出一个最普通的问题作为例子：我的生命，或一般性的生命的意义究竟在哪里？现今人们都坚信，他们非常清楚牧师对这一问题所要讲的话或应当讲的话是什么。只要想到哲学家的回答，他们就会感到可笑，但通常来说，他们又有些看不起心理治疗师。不过，从一个对无意识进行分析的心理治疗师那里，显然是能得到某种东西的。或许他已经从自己的心灵深处发掘出了能够免费获取的生命意义。每个心情阴郁的人，如果得知心理治疗师也一样不知道怎么回答时，肯定会感到很轻松。通常这种表达方式可以获取病人的信任。

我发现，现代人对传统的观点和代代相承的真理，有一种消灭不掉的怨恨。现代人是布尔什维克主义者，他们觉得以前所有的心理准则和体系都已经失去了真实性，正如布尔什维克主义想要在经济领域做实验一样，他们也想要在精神世界中进行实验。每一个教会机构，不管是天主教或新教，还是佛教或儒教，只要是遇到了这种现代的态度，自然就会处于一种非常危险的境地。在这些现代人中，其中一些人是灭亡性的、毁坏性的、偏执的、不平衡的、处处都对现实感到不满意的，他们蜂拥而至地追寻新奇，其中大多数对于那些运动和活动都造成了不好的影响，对于他们缺少的东西，他们希望可以用最低的代价得到。在我的职业生涯中，不必说，我的确遇到过很多形形色色的现代人，其中就有很多这样的伪现代人。先暂且不理会他们。我现在要列入考虑范畴内的人，不仅是没有病态的，相反地，都是一些极其优秀的人，他们有遗弃传统真理的正直的缘由，他们都是善良的人。他们每个人都存有一个感悟：觉得不知因为什么，如今的宗教真理已经变得非常空泛了。它们已无法满足科学和宗教的见解了，或基督教的原理在尊严和心理学上的道理已经丧失了。关于基督的死能够将他们的罪过赎清这种论调，人们再也不相信了；他们无法强迫自己去相信，无论他们认为一个拥有信仰的人会是如何开心。罪对他来说，已经变成了一种相对的东西：对甲有益的东西，对乙可能就会有害处。

对这些问题和困惑人们都很熟悉。但是弗洛伊德的分析却非要将其视为没有丝毫关联的东西。他坚持认为，哲学和宗教观仅仅是事实真相的伪装罢了，根本的问题应当是人对其性欲进行潜抑。对每一个个别的病历去细致研究的话,就会发现在性和无意识冲动这两个方面，的确有可能会产生不平常的骚动现象。弗洛伊德采取的方法是将这些骚动现象阐释为整体性的精神骚动，可是他的兴趣仅限于性欲症状的因果解释法。对于另一个事实，他却完全忽视了，也就是某一些病人，他们神经症假设的缘由是一直都存在的，但病理效果要待到意识态度感觉到来自外部的骚动入侵以后，神经症才会发作。这好像是，当一艘船出现了一个破洞，开始缓慢地往下沉时，水手才对注入进来的水的化学性质感兴趣。

无意识冲动的骚动是次要的现象，并不是最为重要的现象。当意识生活丢失了意义和期望时，就像某一种痛苦爆发了一样，我们能够听见这样的呐喊："今朝有酒今朝醉，明天可能就会死掉了。"引发无意识骚动的，正是这种丢失了人生意义的心情，同时，之前遭受压抑的冲动也因这种心情再一次涌了上来。神经症存有其自身的远因和近因，而促使神经症猖狂的却是当前的原因。一个人染上了肺结核，并非是他二十年前染上的杆状球菌导致的，而是直到现在，杆状菌的病灶仍很活跃。感染的时间和如何染上这个病与他现今的病情关系，是非常有限的。即便你很了解该病历的记录，也没有办法将其治好。神经症的情况也是如此。

这就是我将病人带来的宗教问题视为与神经症有关，并且有可能是其原因的缘由。不过，如果我足够用心的话，我应当向病人坦诚，他的感受存在着自身的道理。"没错，我赞同，释迦牟尼佛与耶稣说的或许都是正确的。罪过仅仅是相对的，而且我们确实难以想象基督是如何用死来替我们赎清罪过的。”作为一个医生，承认这些困惑对我而言并不难，但是，牧师却不能。我的态度被病人视为一种非常有见解的观点，而牧师的迟疑不决则是传统的偏见在捣鬼，这个偏见导致他们的隔阂越来越深。他自问：“假如我将自己性欲不安的悲惨现象细致地讲述给牧师，结果会怎样呢？”他的困惑是正确的，原因在于，牧师的道德偏见比武断偏见更强烈。下面这个关于美国总统柯立芝（一个沉默少言的加利福尼亚人）的故事可以说明。一个周日的早晨，他外出回家后，他的妻子问他去了哪里。他答道：“我去了教堂。”“牧师说了什么？”“他说到了有关罪恶的东西。”“他是如何说的呢？”“对于罪恶，他是反对的。”

或许有人会说，在这方面，医生自然不难了解。但大多数人并不知晓，在道德上，医生也有顾虑，而且有些病人的表述，医生根本很难琢磨。除非病人能承认和接受自身最大的不足，否则他还是觉得外人没办法接纳他。这个只有依靠医生的诚恳，以及他对自己和自己的不足所抱有的态度才能够达成，并非只凭几句口头语就能够实现的。如果医生希望能够指导他人，甚至是有诚意要陪伴对方走上一段旅程，那么对于病人的精神生活，他必须要有直接的接触。如果医生轻易就下判断，那么这就不是所谓的接触。对于判断，不管他是口头上讲出来，还是守口如瓶，都没有什么不同。相反地，轻而易举就同意病人的观点，也是无用处的，其实质和斥责病人无异，通常会加深与病人之间的隔阂。要想与他人接触，就要有不带任何偏见的客观态度。猛地听来，这或许很像某种科学的方法，可能会被拿来与纯学术的公平心理态度混为一谈。但我要提到的东西是和这个大不相同的。它是一种对人性、事实、事件以及遭受痛苦的人的尊重，一种对某种人生秘密的仰慕。只有真正拥有这种宗教感的人才会具有此种态度。他知道，世界上很多无法想象的怪异事件都因上帝而发生，并且上帝利用一切奇妙的办法对人们的心灵进行占领。

所以，关于神旨意的无形存在，在大千事物中他已经察觉出来了。这便是我所说的“没有偏见的客观性”。这是医师个人的道德修养，即便是受到疾病和堕落的侵袭，他也不应当败退。除非我们接受它，否则根本就拿它没有任何办法。斥责并不能救助病人，反倒会打击到他的意气。我在打击那些被我斥责的人，而不是变成他的朋友或遭受苦难的同胞。我不是说，假如我们要帮助病人就不能够下断言。不过，一个医生如果想要去帮助别人，对于病人的态度，他就应该无条件地去接受。只有这样，才能够帮助到病人。

或许，这些话听起来并不难，但是“看起来最为简单的事物，往往是最难的”。在现实生活中，只有具有最高深的修养，才能够做到简单朴素，道德问题的精华便在于对人的接纳，并且也是整个人生观的缩影。救助吃不饱肚子的人、原谅辱骂我的人、以基督的名义喜欢我的仇家等，这些都是美好的品德。我如何对待人的态度，正是我如何去对待基督的。但是，假如我发现在我的同胞中，所有乞丐中最贫穷的人、所有辱骂别人之中最蛮横无理的人，和那个仇家——正好就是我自己，最需要自己爱护的那个人就是我自己，那个需要别人关爱的仇家正是我自己，应该怎么去做呢？通常来说，一个基督徒的态度就出现了反转；爱或者是长久遭受苦难的问题就消逝了；我们于是斥责内心的同胞“拉加”[1]，并且开始责骂自己，冲自己发脾气。我们不想让别人知晓，我们否认自己也有过此种卑贱的丑陋面目。神本身以这种让人厌恶的方式来接近我们，我们肯定在鸡还未叫之前的黎明，就已经将其拒之门外了。

运用现代心理学去观察病人以及自身生活灰暗面的人——假如现代心理治疗专家不愿意徒有虚名的话，便需要这样去做：要承认，接受他自己的缺陷是一件难于上青天的工作，也是一个很难贯彻落实的任务。我们一旦想到这件事情，就免不了会感到战栗。所以，我们就斩钉截铁，轻而易举选择了一条弯曲的路，假装自己不知情，对于别人的缺点和罪过，却忙得头头是道。如此一来，我们就可以装出一副道貌凛然的模样来自己骗自己。这样，我们算是逃避了自己。做这种事情时，心安理得的人不在少数，然而也并不是每个人都有方法，在这条路上，少数人倒了下去，并开始受神经症控制。如果我自己也是一个逃犯，也身患羊痫风一样的神经症，我怎么能够去帮助这些人呢？能够接纳自己的人，才具有所谓的“没有偏见的客观性”态度。然而，没有一个人敢夸耀已经充分接纳了自我。我们可将基督作为例子，他将自己传统的偏见供了出来，给心里面的神当祭品，所以他一生中没有顾忌传统的习俗或法利赛人的道德准则。

作为新教徒，我们早晚都会碰到这个问题：我们是应仿效基督的生活，还是应过属于我们自己的合适生活，就像他遵循上帝的旨意度

---

① 拉加（Raca），耶稣时期犹太人呵斥他人的话。参阅《圣经·新约·马太福音》第5章第22节。

过他的一生呢？想要仿效基督的人生，的确是一件不容易的事，但要像基督那样过得那么真实，更是难乎其难了。但凡能做到这点的人，便是违抗了传统力量的人，虽说如此一来他便可不枉此生，但仍免不了要遭受他人的误解、嘲笑以及折磨而觉得痛苦。所以，对于一位在历史上被人们奉为神圣的效仿基督的人，我们反倒是比较佩服的。我是绝对不会去干扰一位自比基督的僧人的，因为他的精神是值得嘉奖的。不过我和我的病人们都不是僧人，作为一个医生，我有义务教导他们如何去过一种不会患上神经症的人生。神经症是一种内心的分裂——自己内心产生矛盾冲突的状况。所有试图对这种分裂进行强化的东西，都会让病人走向通往恶化的道路。所有缓和分裂的东西都会有助于病人的治疗。促使人们和自己发生冲突的是他们觉得内心有两个冲突的人存在。此种冲突或许存在于肉体和精神之间，或存在于自我和阴影之间。浮士德用下面的话表达了这个意思：“天啊！有两个灵魂各自在我心里居住着。”神经症就是人格的分裂。

或许治疗可称作是宗教的问题。从社会或者整个国家的关系来看，疾病便是内战，运用基督宽恕敌人的美德才是治愈此种状况的方法。我们应当凭着一个良善的基督徒的信心应对外部世界，同时在治疗神经症病人的内在世界时，也应如此。这就是为何现代人对罪恶和原罪感已深感厌恶的原因。因为愧疚，他的心里已极其痛苦了，他渴望找寻到问心无愧：如何才能诚心诚意地喜爱自己的仇人，甚至将狼也视为是自己的兄弟一样对待。

此外，现代人并不急于知道仿效基督的办法，他们想要知道的，是如何去过他自己的生活，不论他的生活是多么的枯燥乏味。原因在于，于他而言，每种效仿都是缺乏生机的行为，所以他要向那些有可能将他局限于别人所走之路上的传统力量挑战。他觉得，一切这样的路途都有可能让人走入迷途。或许他并不知晓这一点，可他的言行举止已经向大家表明：他的个人生活仿佛是通过上帝的旨意而不顾一切也要达成的目标。这就是他利己主义——神经症状态中最为具体的罪恶之一的源头。不过只要有人告诉他，说他过于自私自利，他的自信心就会立刻丢失，这也是无奈何。原因在于，这样说的那个人会让他在神经症的深渊里陷得更深。

如果要我来治疗病人，我不得不承认，他们的利己主义具有其内在的含义。实际上，假如不将它视为上帝真正旨意的话，我便同愚昧无知无异了。我甚至必须协助病人去促使他利己主义的发展；假如他取得成功了，会慢慢疏远其他人。他赶走他们，让他们不要来打扰他——这是非常应该的，原因在于，他们总在拨开他利己主义的“神圣”外衣。实际上，我们应当顺着他，因为那就是他最为强大和健全的力量；就像我说的，那便是上帝真正的旨意，虽然有时他可能会跌入完全的孤独。不管他的境况有多么凄惨，于他而言，那仍然是最好的情况，因为只有这样，他才能够衡量自己，而且明白关爱他的同胞具有多么重要的意义。除此之外，只有在放逐中和孤单时，我们才可以体验到自己本性中的潜在能力究竟在哪里。

如果一个人多次亲身体验到这样的过程，那么对于以前的恶可能变为善和看起来的善可能变为恶的真理，他肯定不会再坚定地否认了。我们在利己主义魔王的指引下，顺着高贵的路途，走向了宗教经验带来的宝贵成果，我们于此观察到了对抗转化这一人生的基本法则。只有依靠于此，相互矛盾冲突的两种人格才会圆满，内战才会终止。

神经症的利己主义之所以被我提出来作为例子，原因在于，它可算得上最为常见的病征之一。当然，关于一个医生应如何对待他的病人弱点的态度和怎样处理所谓罪恶的问题，我也能够列举出其他的病征来说明。

这种做法听起来或许很简单。实际上，接纳人性中灰暗面的这一事情，实在是没有可能的。请大家设想一下，如果容许非理性、荒唐和罪恶的存在将会怎样。但是，现代人坚守的恰恰就是这一点。他想样样都亲力亲为——去认识自己的真实面目，这正是他遗弃历史的原因。他要将传统打碎，亲自去验证他的人生，去决定所有事物，在他的自身，除了传统假设外，他还想了解具有怎样的价值和意义。现代的年轻人表现出了许多该态度的实例。我为了将此种趋势的可能方向指出来，我想把一个德国学社向我提出的问题拿来作为例子。他们问我：乱伦是不是应当遭到谴责？我们究竟有什么理由指出其是不正确的呢？

通过各种时代思潮，我们很容易就能想象出人们可能会碰到的冲突是什么样子的。我非常明白，大家为了让同胞免遭这种困境，肯定会费尽心思想出方法来应对它。但非常怪异的是，我们束手无策。过去很多反抗非理性、自我欺瞒和不道德的绝招，现在却忽然间丧失了效用。如今是我们要为十九世纪的那种教育买单的时候了。整个时代里，一方面，教会向年轻人拼命地传道，阐明愚昧无知的信仰的益处，但另外一方面，大学又在教授充满智慧的理性主义，结果到了现今，我们不知道究竟是该跟随信仰，还是追随理性了。对于这些意见的争辩，现代人已经感到厌烦了，关于事物的真相，他们期望亲身去探索。此种希望虽然可能带来危险后果，但我们不得不惊叹钦佩它的声势浩大，且还要为它留下几行同情的泪水。它不是草率冒进的工作，而是一种出自内心精神的痛苦，因此想以抛洒热血的精神，光明正大去找寻人生意义和价值的行为。虽然我们要严谨行事，但对于那些拼尽全力的人，我们怎么能够冷眼旁观呢？假如我们要反对它，这就相当于抑制住了人心里面最良善的部分——也就是他的勇敢和热情。如果我们目的实现了，那就相当于是阻碍了那些可能为生命带来意义的珍贵经验。保罗如果听从他人的劝说，放弃前往大马士革的计划，那么结果又会是什么样的呢？

对于这个问题，凡是那些用心对待自己工作的心理治疗师肯定会慎重地加以研究。每一种场合他势必都要做出选择，是否有必要支持和帮助此种冒险。他不能固执地坚守某一个善恶的观点，不应当假装知晓什么是对错——否则，他在判断事情时，就是凭借着自身丰富的经验了。对于事情的真相，他应当密切关注，只有真正产生效用的才是切切实实的。假如有某种东西，在我看来是不正确的，可它却比真理更有效，那么我就应当选择不正确的，原因在于，假如我选取了自认为是正确的，就意味着会丢失找到力量和生命可能性的机会。光明需要黑暗——否则，怎么可能会以光明的形式出现呢？

众所周知，弗氏精神分析的工作仅限于将我们心里的阴暗面和罪孽处揭露出来。它只是引发了一场潜伏的内战，之后他就弃之不顾了。

对于这场内战，病人需要拼尽全力去应对。可弗氏不幸地忽视了一点，即人是没有办法单枪匹马去和黑暗之力——即无意识之力——交战的。人类无时无刻都需要每一个个体的宗教所提供给他的心理帮助。无意识大门的开启就是强烈的精神痛楚的爆发；这好像是一个生机勃勃的文明遭到了野蛮人的摧残。世界大战的爆发最能证实，和平世界和潜在的动荡之间的围墙是如此的脆弱。站在个人及其理智世界的角度来看，同样也是这样。他的理智粗鲁干涉了自然的威力，所以后者便伺机报复，等到理智丧失效用时，就推翻意识生活。

从古至今，对于这一危机，人类是深刻知晓的，即便是处于文明最为原始的阶段中，也是这样。他为了要避免危机的威胁和治疗已经造成的创伤，才发展了所谓的宗教和魔法习俗。医师为何也叫牧师，这便是原因：他既是肉体的拯救者，同时也是灵魂的拯救者，而宗教就是对心理疾病进行治疗的组织，尤其是基督教和佛教，它们是两种人类最为伟大的宗教。人类想要从自己的痛楚中解脱出来，凭借他想出来的东西是不行的，依靠比他更为伟大的智慧才是唯一的方法。只有这样，他才能超越痛苦。

此种毁坏性的力量如今已经现身了，而它也正在折磨着人类的精神。为何病人们强迫心理治疗师扮演牧师的角色，并且期盼和要求牧师帮助他们将痛苦消除，这便是原因。同时也是为什么那些严格意义上来说属于神学家的工作，却需要心理治疗师们去处理的原因所在。但是，对于这些问题，我们不能让神学去回答；受难者精神上的急切需要纷至沓来。既然通常来说，传统的观念与方法不能产生功效，我们首先就应当与病人并肩而行，共同迈向追寻其病根的大道，那是一条让他的心里产生了矛盾冲突，让他的孤独感越来越强烈的错误道路——我们期望从产生破坏力的内心深处也可以找寻到救赎的力量。

在最开始着手这项工作时，没人知道结果如何。我不知道藏匿在内心深处——那个曾被我叫作“集体无意识”的地方，其内容我称作“原型”的东西是什么。无意识远在洪荒太古时代，就已经存在了，并且一再重复着。意识在最开始的时候，是并不存在的，每一个孩童都需要从一岁开始，然后逐渐将意识建立起来。意识处于塑造时期时，是很微弱的，我们从历史中获知，人类在最初也是这样，在那个时间段，无意识不难占据优势，二者在其时留下了很多搏斗的痕迹。借用科学的术语来讲：在危机达到巅峰之时，已经发展出来的本能自卫机制，就会主动出来进行干涉，一般来说，它们在产生作用时，都是以幻想中的形象现身，在人类内心扎根，并且永不消逝。当需要极为迫切时，这些机制才会现身并产生功效。科学只能证实这些心理因素是存在的，且将关于其起源的假设提出来作为一种理性的阐释。不管怎样，问题依然存在着，谜底依然没有解开。所以，下面这些问题就需要我们讨论了：意识究竟源于哪里？心理究竟是什么东西？科学对于这些问题，已经感到束手无策了。

仿佛在病情达到巅峰的时候，毁坏力就会变成治疗力。因为，原型开始过上一种独立的生活，而且变成了一个人的精神指导，也因此除掉了无用的愿望和挣扎的不适当的自我。就像是一个拥有宗教精神的人讲过的：指引源于上帝。对大多数的病人，我都避免使用此种说法，因为，它往往会让他们记起很多需要对抗的事情。我必须要用更为恰当的话，跟他们说心理已经复苏过来并且想要获得一种自然的生活。事实上，此种做法和前者相比，确实要更加贴合实际。平日里那些处于意识状态下无法看出其由来的主题，如今在梦境或幻想中已开始现身了，这时变化就出现了。站在病人的角度来看，它是隐藏在内心深处的、并不属于“我”的某种怪异的东西，因此这种东西仅凭个人的空想是没有办法去了解的。最终，他找到了心理生活来源的路径，这就是痊愈的开始。

要想充分了解这一方法，我们势必要借助很多合适的例子来说明。但是，很难找寻到能够让人信服的例子，因为通常来说，它是一个非常微妙和复杂的问题。借助病人在梦中对抗困难所获取的深刻经验，或是利用其在意识心理中并不知情却在幻想中能够得到的启示，才可以产生这样具有深远功效的办法。诸如此类的内容，最常看见的都是原型性质的，并且借助某种方式互相联系着，不管意识心理有没有了解，都拥有非常大的影响力。这种自然表露的心理活动往往非常强烈，会导致我们好像看见了幻觉似的图像或是听见了心里的呐喊声。这些都是自远古以来，被人类直接体会到的精神表象。

此类的经验是给予受难者饱经风霜后的报答。从此之后，阳光普照，困惑消逝；对于他内在的一些争端，他能够自行去调解了，在他本性中的病态分裂和另外一个较为高等的境界之间，搭建起了一座桥梁。

因为现代心理治疗的基本问题太关键、太深远了，所以无法在这极短小的篇章中作详尽探讨，虽然为了达到清楚的目的，这个工作其实极其重要。我的主要目的是指出心理治疗师在其工作中应当持有的态度。实际上，了解透彻是最合适的方法，比起到处抄袭的治疗法，这个总归要理想一些，因为如果不去探究明白，那些办法是没有任何用处的。我之所以急切地想要让大家了解这个态度，是因为心理治疗师的态度要比心理治疗的理论及方法更为重要。我坚信，我已经做出可靠的说明。关于牧师应当采纳哪种方法以及对心理治疗师进行帮助时应以多大的程度，我能分享给大家的仅仅是一些信息，但做决定的权利在大家手中。我还坚信，我描绘的关于现代人精神观点的图像是合乎事实的，诚然，我不能说没有一点错误。但是，我谈论到的神经症的治疗方法和与其有关的问题，其道理确实是不可更改的。

对于我们为心理受苦受难者做出的努力，作为医生，我们自然希望能够得到牧师一些同情性质的认可。不过，我们非常清楚充分合作可能会出现的困难。我个人的立场是站在新教徒里的极左翼，但首先我要向大家警告，在做判断时，一定不能轻易凭借着自身的经验乱来。作为一个瑞士人，我是一个坚定的民主主义分子，不过，我不否认自己的本性是属于贵族的，并且是一个神秘论的拥护者。“朱庇特能够做的，但是公牛不能够去做”，这句话是刺耳的，但却是永远的真理。究竟谁的罪过可以被完全宽恕呢？唯有那些内心充满爱意的人。而那些心中没有爱的人，会遭到自己的原罪的攻击。我坚信，大多数人投奔天主教的原因，就是他们可以在那里如愿以偿。我亲眼看到过这个事实，而且深信不疑，原始宗教要比基督教更适合原始人，原因在于，他们觉得基督教极不可思议，与他们的血液可谓是格格不入，所以对它极其痛恨。我也坚信，肯定有很多反对天主教的新教徒和很多反对新教的天主教徒——因为精神的表现形式的确是极其玄妙的，并且和上帝造出的这个世界一样丰富多彩。

活跃的精神一直在进步，并且越过了之前的表现形式；它能够通畅无阻地进入人的内心且反宾为主。自人类有史以来，这种活跃的精神都是永恒更新的。与之相比，人类所给予它的称呼和形式显然是不值一提的；在恒久的树根上，它们仅仅是更迭的树叶和花朵而已。